W0257290

WERKSTATTBÜCHER

FÜR BETRIEBSBEAMTE, KONSTRUKTEURE U. FACHARBEITER
HERAUSGEGEBEN VON DR.-ING. H. HAAKE VDI

Jedes Heft 50—70 Seiten stark, mit zahlreichen Textabbildungen
Preis: RM 2.— oder, wenn vor dem 1. Juli 1931 erschienen, RM 1.80 (10% Notnachlaß)
Bei Bezug von wenigstens 25 beliebigen Heften je RM 1.50

Die Werkstattbücher behandeln das Gesamtgebiet der Werkstattstechnik in kurzen selbständigen Einzeldarstellungen; anerkannte Fachleute und tüchtige Praktiker bieten hier das Beste aus ihrem Arbeitsfeld, um ihre Fachgenossen schnell und gründlich in die Betriebspraxis einzuführen.
Die Werkstattbücher stehen wissenschaftlich und betriebstechnisch auf der Höhe, sind dabei aber im besten Sinne gemeinverständlich, so daß alle im Betrieb und auch im Büro Tätigen, vom vorwärtsstrebenden Facharbeiter bis zum leitenden Ingenieur, Nutzen aus ihnen ziehen können.
Indem die Sammlung so den einzelnen zu fördern sucht, wird sie dem Betrieb als Ganzem nutzen und damit auch der deutschen technischen Arbeit im Wettbewerb der Völker.

Einteilung der bisher erschienenen Hefte nach Fachgebieten

(Fortsetzung 3. Umschlagseite)

WERKSTATTBÜCHER

FÜR BETRIEBSBEAMTE, KONSTRUKTEURE UND FACH-
ARBEITER. HERAUSGEBER DR.-ING. H. HAAKE VDI

HEFT 91

Schnittkraft- und Drehmomentmesser für Werkzeugmaschinen

Von

Heinrich Schallbroch und Heinrich Balzer

Professor Dr.-Ing. habil., München   Dr.-Ing., Leipzig

Mit 77 Abbildungen im Text

Berlin
Springer-Verlag
1943

ISBN 978-3-7091-5169-3   ISBN 978-3-7091-5317-8 (eBook)
DOI 10.1007/978-3-7091-5317-8

Inhaltsverzeichnis.

Vorwort.

Aus einer Forschungsarbeit entstanden bringt dieses Heft erstmalig einen Überblick über die Grundlagen, nach denen Schnittkraft- und Drehmomentmesser
gebaut werden. Es zeigt den bisherigen Entwicklungsgang und richtet den Blick
auf die zukünftigen Möglichkeiten. Als Werkstattbuch soll es die Scheu der Be-
triebe vor der Anbringung von Kraftmeßgeräten an Werkzeugmaschinen be-
seitigen helfen. Der Praktiker wird erkennen, daß die in den Forschungsstätten
entwickelten Geräte allmählich immer handlichere und für den Betrieb geeignetere
Formen annehmen. Das Ziel ist, sie als Hilfsmittel des Betriebes zur Überwachung
und besten Ausnutzung der Maschinen und Werkzeuge auszugestalten.

I. Die Aufgabenstellung der Leistungsuntersuchung an einer spanabhebenden Werkzeugmaschine.

Wissenschaftliche Forschung und beobachtende Untersuchung des Betriebes
bedienen sich der Meßtechnik, um technische Probleme des Maschinenbaues zu
durchdringen und zu klären. Die Zuverlässigkeit der Ergebnisse hängt ab von
den verwendeten Meßverfahren und Meßmitteln, die einer ständigen Entwicklung durch konstruktive und fertigungstechnische Maßnahmen unterliegen. Fort-
schritte in Bezug auf die Genauigkeit einer Messung wurden im Laufe der Zeit
durch Anwendung anderer, noch nicht erprobter physikalisch-technischer Erscheinungen erreicht, die als Grundlage der Meßverfahren und Meßmittel benutzt
werden. Hierbei sind die Sachgebiete der Physik und physikalischen Chemie,
wie die Mechanik, Optik, Akustik, der Magnetismus und die Elektrizität, herangezogen worden, mit deren Erscheinungsformen die Entwicklung der Meßtechnik
vorwärts getrieben wurde. Sie hat heute auf dem Gebiete der Untersuchung von
Kraft- und Arbeitsmaschinen einen Stand erreicht, der es wünschenswert erscheinen läßt, einen abwägenden und kritischen Überblick über die Grundlagen
erprobter Meßverfahren zu geben. Kenngröße ist dabei vornehmlich die erzeugte
oder übertragene Kraft, über deren Größe eine genauere Kenntnis erwünscht ist (1)[1].

Wir wollen uns bei der Behandlung auf spanabhebende Werkzeugmaschinen
beschränken, bei denen die Kraftmessung an der Zerspanungsstelle von Bedeutung
ist. Die zur spanabhebenden Arbeit erforderliche Kraft, die sog. Schnittkraft,
muß den Schnittwiderstand überwinden; sie muß nicht nur an die Schnittstelle
geleitet werden, sondern wirkt auch zurück auf die Werkzeugmaschine, das spanabhebende Werkzeug (Schwingungen) und das zu zerspanende Werkstück. Sie
kennzeichnet das statische und dynamische Verhalten der Werkzeugmaschine
unter einer aufgebrachten „natürlichen" Belastung; weiter gibt ihre Feststellung
Aufschluß über den Ablauf des Zerspanungsvorganges.

Sowohl die wissenschaftliche Forschung als auch der fabrizierende Betrieb
wünschen die Zusammenhänge des eigentlichen Arbeitsvorganges beim Zerspanen
zu erfahren (2). Die Forschung ist bemüht, Mittel und Wege aufzuweisen, mit
denen bei geringstem Aufwand und günstigster Ausführung gearbeitet werden
kann; der Betrieb ist verpflichtet, wirtschaftlich und termingemäß zu fertigen.

---

[1] Die eingeklammerten Zahlen verweisen auf das Schrifttumsverzeichnis am Schluß des
Buches.

Beide bedienen sich verschiedenartiger Meßmittel, an die bestimmte Forderungen bezüglich Gestaltung, Wirkungsweise und Betriebssicherheit gestellt werden müssen.

II. Anforderungen an eine Schnittkraft-Meßeinrichtung.

Die Versuche zur Ermittlung der Schnittkräfte beim Zerspanen sind schon am Ende des vorigen Jahrhunderts begonnen worden und heute auf Teilgebieten der Zerspanungstechnik so weit durchgeführt, daß von vielen Werkstoffen zahlenmäßige Größen bekannt sind. Die Ergebnisse sind dabei des häufigeren von weittragender Bedeutung gewesen für die Klärung der Zusammenhänge von Werkstoff-, Werkzeug- und Maschinenwirkung; wir können eine nachhaltige Wirkung auf die Zerspanungsausführung in der Werkstatt und auf die Konstruktion der Werkzeugmaschinen feststellen. Es kann dabei aber nicht gesagt werden, daß die Schnittkraftmessung nur zur Erfassung des Leistungsbedarfes angestellt wurde; es interessierte die Schnittkraft bei der Zerspanung in gleicher Weise in ihrem Einfluß auf die Schneidfähigkeit und wirtschaftliche Ausnutzbarkeit der Werkzeuge als auch auf die Zerspanbarkeit des Werkstückstoffes.

Die Entwicklung der Meßtechnik auf den Gebieten der Mechanik, Hydraulik und Elektrotechnik hat dabei manchen Weg gewiesen, die anfänglich umständlichen und zeitraubenden Meßverfahren zu verbessern. Meßtechnische Anforderungen (vgl. auch Abschn. IV E) sind:

1. **kleine Meßwege**, um die geometrischen Eingriffsverhältnisse des unter Schnitt stehenden Werkzeuges wie im praktischen Anwendungsfalle beizubehalten,

2. **kleine Abmessungen des Meßgliedes**, auf das die Kraftwirkung an der Schnittstelle übertragen wird, um auch an unzugänglichen, raumbeengten Stellen eingebaut werden zu können,

3. **verschiedene, leicht herstellbare Meßbereiche** bei ausreichender **Meßempfindlichkeit**,

4. **zweckentsprechende Genauigkeit der Messung,**

5. **geringe Beeinflußbarkeit der Meßverfahren,**

6. **bedingt trägheitslose Schnittkraftmessung,**

7. **leichte Eichbarkeit,**

8. **Sicherheit der Messung;**
sonstige Anforderungen hinsichtlich

9. **kleinem Aufwand** für die Meßeinrichtung und für alle Hilfsmeßeinrichtungen,
und Anforderungen hinsichtlich

10. **guter Bedienbarkeit.**

Zu den ersten beiden Forderungen sind durch die Einfügung der Nachsätze weitere Erklärungen kaum notwendig. Ein kleiner Meßweg hat geringere Rückwirkungen auf den Meßvorgang und die erzielbare Meßgenauigkeit als ein größerer. Die Forderung kleiner Abmessungen des Meßgliedes ist konstruktiv und wirtschaftlich begründet (z. B. Einbau mehrerer, preiswert herstellbarer Meßdosen im gleichen Meßgerät), läßt sich aber durch Zahlenwerte aus Untersuchungen naturgemäß nicht belegen.

Verschiedene Meßbereiche innerhalb eines Gesamt-Meßbereiches sind sonst keine Forderung der Meßtechnik von Kräften; zwar sollen veränderliche Kräfte gemessen werden, aber meist nicht über einen so großen Bereich wie bei der Schnittkraftmessung, wo Kräfte von wenigen kg bis zu großen Schnittkräften von 500 bis zu 5000 kg zu bestimmen sind. Will man mit hinreichender Genauigkeit messen, dann müssen also Geräte mit leicht herstellbaren Meßbereichen für kleine und große Kräfte gefordert werden. Diese lassen sich auf mechanischem Wege und bei einigen Verfahren durch die Kombination von mechanischen, hydraulischen und elektrischen Hilfsmitteln erreichen. Die Geräte sollen in allen Meßbereichen eine ausreichende Meßempfindlichkeit besitzen, d. h. bei kleinen Änderungen der zu messenden Kräfte müssen gut unterscheidbare Meßwerte feststellbar sein.

Die Genauigkeit der Schnittkraftmessung bei der Leistungsuntersuchung von Werkzeugmaschinen und Zerspanbarkeitsprüfung von Werkstoffen und Werkzeugen wird heute mit $\pm 5\%$ (2) erwartet. Dann muß die Genauigkeit der Arbeitsweise des verwendeten Meßverfahrens mindestens ± 1 bis 2% sein, um auch Fehlereinflüsse zwischengeschalteter Übertragungsglieder zuzulassen, die z. B. den vom eigentlichen Kraftmeßverfahren gelieferten Meßwert an den Meßwertanzeiger weitergeben.

Die Beeinflußbarkeit der Kraftmeßverfahren durch Störungen soll möglichst geringfügig sein. Störungen verursachen eine Ungenauigkeit der Meßweise; sie werden in Fehlerprozenten der wirklichen Kraft ausgedrückt. Solche Fehlerquellen sind: Temperatureinflüsse, Wirkungen von Beschleunigungskräften, elektrische Störfelder und magnetische Rückwirkungen, Schwankungen von elektrischen Hilfsspannungen und Frequenzen u. a. Diese Einflüsse und ihre Größen kennzeichnen die Eignung und Einsatzfähigkeit eines Kraftmeßverfahrens. Von ihnen sind die Einflüsse zu trennen, die nach Forderung 9 die Sicherheit der Messung beeinflussen.

Die Trägheitslosigkeit eines anwendbaren Schnittkraftmeßverfahrens richtet sich nach der Aufgabenstellung, die zwei Ziele verfolgen kann: Messungen in der Werkstatt und Messungen zu Forschungszwecken.

Zum Errechnen der Schnittleistung aus Schnittkraft und Schnittgeschwindigkeit genügt durchaus der Mittelwert der Schnittkraft, da ohnehin nur ein mittlerer Wert der ebenfalls ungleichmäßigen Schnittgeschwindigkeit gemessen wird; für die Bestimmung der Beanspruchung aller Einzelteile der Werkzeugmaschine und zur Steuerung von Arbeitsverrichtungen müssen hingegen die Größtschnittkraft und die Schwingungen der Schnittkraft hinlänglich bekannt werden. Für die Messung des Kraftverlaufs und die Feststellung der größten Schnittkraft muß dann von dem zu verwendenden Meßgerät gefordert werden, daß es ausreichend trägheitslos arbeitet; der Mittelwert kann dagegen mit einem mehr oder weniger trägen Meßgerät gemessen werden.

Für die Messung der Größtschnittkraft verlangt man heute die Beobachtungsmöglichkeit von Vorgängen, die sich in der Sekunde etwa 500mal ändern. Man sagt dann, daß das Meßgerät noch eine Frequenz der sich ändernden Größe von 500 Hz messe. Die Frequenz des Meßgerätes selbst, das ist seine Eigenfrequenz, mit der es Änderungen der Meßgröße zu folgen vermag, muß das 5- bis 8fache der anzuzeigenden sein; die Eigenfrequenz muß also 2500 bis 4000 Hz betragen. Je nach dem Umfang und Zweck einer Untersuchung an einer Werkzeugmaschine muß deshalb eine Meßeinrichtung mit der obigen Eigenfrequenz gefordert werden. Von solchen Meßgeräten kann man sagen, daß sie „trägheitsschwach" sind, bei noch höherer Eigenfrequenz, daß sie „praktisch trägheitslos" arbeiten.

Die leichte Eichbarkeit einer Kraftmeßdose muß gefordert werden, um eine Messung mit wirtschaftlichem Zeitaufwand vorbereiten und zahlenmäßig auswerten zu können. Wegen des häufigen Umbaues von Schnittkraftmeßgeräten an Werkzeugmaschinen ist eine schnelle Nachprüfung der Eichwerte erwünscht, um Fehlmessungen zu vermeiden. Wir kennen eine verhältnismäßig einfach durchführbare, statische und eine nur mit besonderen Einrichtungen vorzunehmende, länger währende dynamische Eichung. Einige Verfahren erfordern diese schwierige und zeitraubende dynamische Eichung; ihnen gegenüber sind die statisch eichbaren Geräte von Vorteil.

Die Sicherheit einer Messung ist gewährleistet, wenn das gewählte Kraftmeßverfahren gleichmäßig arbeitet und die Genauigkeit einer Messung nicht gefährdet ist. Es müssen bei allen brauchbaren Verfahren die durch ihre physikalische Arbeitsweise bedingten Vorsichtsmaßnahmen praktisch durchführbar sein, um fehlerbehaftete Messungen auszuschließen. Auch dürfen die Abnützungserscheinungen beim Gebrauch der Geräte nicht zu Fehlmessungen führen.

Ein kleiner Aufwand an Geräten und Einrichtungen für eine Kraftmessung muß aus wirtschaftlichen Gründen gefordert werden. Andererseits verlangen die heute vielfach angewendeten elektrischen Verfahren eine Reihe von Hilfsmeßeinrichtungen, die den elektrischen Betrieb ermöglichen.

Fast alle und besonders die brauchbaren Verfahren arbeiten mit einem elektrischen Trägerstrom, der von einem Stromerzeuger (Batterie oder Netz) geliefert werden muß. Dieser Trägerstrom muß bei einigen Verfahren und im Hinblick auf eine bestimmte Meßaufgabe eine höhere Trägerfrequenz besitzen als üblicherweise in der Werkstatt vorhanden ist. Es sind deshalb zusätzliche, nicht gerade erwünschte Einrichtungen zur Erzeugung der Trägerfrequenz erforderlich Allerdings sind auch Verfahren bekannt, die ohne diese Einrichtungen arbeiten, z. B. mit Gleichstrom betriebene Verfahren.

Bei einigen Verfahren ist die durch die Kraftwirkung erzeugte Meßleistung so klein oder steht infolge der Wirkungsweise der Verfahren so unzureichend zur Anzeige zur Verfügung, daß eine mit einem vermehrten Geräteaufwand erreichbare Verstärkung erforderlich ist. Es ist aber indessen möglich, bei anderen Verfahren und gleichartigem Schaltungsaufbau (Brücken-vergleich) ohne Verstärkungseinrichtung für den elektrischen Meßwert zu arbeiten; ganz allgemein ist eine verstärkerlose Einrichtung anzustreben. Diese Einrichtung verlangt dann auch keinen mit besonderen Sachkenntnissen ausgestatteten Versuchsansteller. Ohne Ver-stärker können ferner Nebenwirkungen ausgeschlossen werden, die sich sonst durch den elektrischen Betrieb einstellen: Nachlassen oder Erschöpfen der Akkumulatoren bei Batterie-betrieb, Spannungs- und Frequenzschwankungen beim Netzbetrieb u. a.

Gute Bedienbarkeit der Meßanlage sichert die von einigen persönlichen Einflüssen des Versuchsanstellers freie Durchführung der Meßaufgaben. Bei den für Messungen in der Werkstatt vorgesehenen Facharbeitern können meist meßtechnische Kenntnisse und be-sonderes Sachwissen nicht vorausgesetzt werden; deshalb dürfen die Verfahren keine zu hohen Anforderungen an den Messenden, z. B. hinsichtlich Beobachtungsmöglichkeit, Aus-führung von Nachprüfungen und Beurteilung des Meßgeschehens voraussetzen.

Mit Ausnahme der vorgebrachten Einschränkung bei der Trägheit gelten die genannten zehn Anforderungen ohne wesentlichen Unterschied für Messungen in der Werkstatt wie für Messungen zu Forschungszwecken. Auch bei einer meist mit geringeren Ansprüchen erfolgenden Messung in der Werkstatt ist z. B. eine gute Genauigkeit erwünscht; nur wenn der gesamte Aufwand an Meßgerät, Zeit und Geld mit dem am besten arbeitenden Meßverfahren nicht tragbar ist, dürfte die Verwendung eines weniger gut und genau arbeitenden Verfahrens in Betracht kommen.

A. Berechnete und gemessene Schnittkraft beim Zerspanen.

Die beim Zerspanen von Werkstoffen erforderliche Schnittkraft P wirkt längs des Weges l, über den die zusammenhängenden Werkstoffteile getrennt werden sollen, während der Schnittzeit t_h; werden Weg und Zeit gemessen, so gibt das Verhältnis von Weg zu Zeit die Schnittgeschwindigkeit v der Werkstofftrennung an. Das Produkt aus Schnittkraft P und Schnittgeschwindigkeit v ist ein Maß der geleisteten Arbeit in der Zeiteinheit, benannt als aufzubringende Nettoleistung N an der Zerspanungsstelle. Mit diesen Größen gelten folgende Gleichungen:

$$v = l/t_h \,, \qquad\qquad\qquad\qquad \text{(Gl. 1)}$$

$$N = P\frac{l}{t_h} = Pv. \qquad\qquad\qquad\qquad \text{(Gl. 2)}$$

Mit den Maßeinheiten für P in kg und v in m/min ist die Nettoleistung:

$$N = \frac{Pv}{60 \cdot 75}\,[\text{PS}] \qquad \text{bzw.} \qquad \frac{Pv}{60 \cdot 102}\,[\text{kW}]\,. \qquad \text{(Gl. 3)}$$

Die Schnittkraft P kann aus dieser Gleichung berechnet werden:

$$P = \frac{60 \cdot 75\,N^{(\text{PS})}}{v} \qquad \text{bzw.} \qquad \frac{60 \cdot 102\,N^{(\text{kW})}}{v}\,[\text{kg}]\,. \qquad \text{(Gl. 4)}$$

Dann müssen also die Schnittgeschwindigkeit und die aufzubringende Netto-leistung an der Schnittstelle gemessen werden.

Zum Messen der Schnittgeschwindigkeit stehen verschiedene Geräte zur Ver-fügung, handelsübliche Schnittgeschwindigkeitsmesser und Drehzähler. Wird die Drehzahl bei Drehbewegungen gemessen, so muß aus dem Schnittweg l (m) und der Zeit t_h (min) die Schnittgeschwindigkeit v aus Gl. 1 berechnet werden.

Die Nettoleistung an der Schnittstelle kann man nicht unmittelbar messen, sondern auf anderem Wege meßtechnisch und rechnerisch erfassen; zunächst kann sie z. B. durch Vergleich mit einem bekannten, d. h. nicht bei einem Schnitt-vorgang gemessenen Leistungsverbrauch bestimmt werden. Hierfür fährt man einen Abbremsversuch (1, 3), der am zweckmäßigsten an einem Arbeitsbeispiel erläutert wird. Gewählt sei das Fräsen mit einem Walzenfräser auf einer Fräsmaschine mit Einzelantrieb und Vorschubantrieb durch einen zweiten Motor.

Der antreibende Elektromotor für die Schnittbewegung des Fräsers nimmt eine Bruttoleistung auf, die mit Meßgeräten gemessen wird. Der Verlust des Getriebes der Maschine für den Antrieb der Frässpindel wird durch Abbremsen der Frässpindel festgestellt. Zu diesem Zweck trägt die Frässpindel eine Bremstrommel; sie wird durch eine Backenbremse mit Gewichthebel (Prony scher Zaum), durch eine Seilzugbremse oder durch eine elektrische oder magnetische Bremseinrichtung belastet. Aus dem an der Bremstrommel übertragenen Drehmoment und der Drehzahl der Frässpindel wird die Nettoleistung an der Frässpindel berechnet. Das Verhältnis der Frässpindelleistung zur Bruttoleistung ergibt den Wirkungsgrad des Getriebes der Fräsmaschine. Er ist bei verschiedener Belastung meist unterschiedlich, so daß man ihn in Abhängigkeit von der Belastung und für jede Getriebestufe, d. h. also jede Drehzahl der Frässpindel, graphisch darzustellen pflegt. Aus dem Verlauf der Kurven kann man dann für jede vom Elektromotor abgegebene Bruttoleistung die an der Frässpindel übertragene Nettoleistung ablesen.

Wir müssen aus dom Meßverfahren der Bruttoschnittleistung, das auf andere Zerspanungsverfahren sinngemäß übertragen werden kann, erkennen, daß die Schnittkräfte auf diese Art nur durch einen umständlichen und zeitlich langen Meßvorgang sowie durch mehrere Rechnungen bestimmt werden können. Die Größe der auftretenden Fehler ist dabei nicht sicher abschätzbar. E. Hartig [1873] (4) und F. W. Taylor [1903] (5) haben diese Berechnungsart von Schnittkräften beim Drehen benutzt, wobei besonders Taylor durch zahlreiche Messungen eine durch Nachprüfungen bestätigte Bestausführung der Dreharbeit vorschlug. Er veröffentlichte heute noch gültige Angaben über die günstige Schnittgeschwindigkeit und über die Aufteilung des Spanquerschnittes in Vorschub und Schnittiefe.

Eine zweite Berechnungsart von Schnittkräften kann durch eine Messung des übertragenen Drehmomentes vorgenommen werden. Bei einer relativen Drehbewegung zwischen Werkzeug und Werkstück mit der Drehzahl n (U/min) äußert sich die Schnittkraft P an einem Hebelarm r wirkend am Werkzeug oder Werkstück als Drehmoment M_d. Es ist als Gleichung ausgedrückt mit P in kg und r in cm

$$M_d = Pr \ [\text{kgcm}]. \tag{Gl. 5}$$

Bei konstantem Hebelarm ist das Drehmoment ein Maß für die Schnittkraft; die Meßwerte des Drehmomentes müssen nur durch den Hebelarm r dividiert werden, um die Schnittkraft in kg auszudrücken. Die erforderliche Nettoleistung N bei der Zerspanung ist dann mit dem Drehmoment M_d und der Winkelgeschwindigkeit ω

$$N = M_d \omega \tag{Gl. 6}$$

oder mit den Maßeinheiten für P in kg und n in U/min

$$N = \frac{M_d n}{71\,620} \ [\text{PS}] \qquad \text{bzw.} \qquad \frac{M_d n}{97\,310} \ [\text{kW}]. \tag{Gl. 7}$$

Für die Messung des Drehmomentes werden in dieser Arbeit zahlreiche Geräte behandelt. Sie besitzen Meßelemente, die für die unmittelbare Messung der Schnittkraft verwendet werden können, so daß sie zweckmäßig bei der Bewertung der Schnittkraftmeßgeräte in den Abschnitten V B und C beschrieben und beurteilt werden.

Die Schnittkräfte beim Zerspanen wirken sowohl am Werkzeug als auch am Werkstück. Sie können z. B. beim Fräsen als Aktionskräfte am Werkzeug und als Reaktionskräfte am Werkstück gemessen werden. Mißt man am Werkzeug, so wollen wir sagen, daß die Schnittkräfte unmittelbar gemessen werden; mißt man dagegen am Werkstück, im Getriebe, am Motor usw., so sollen sie als mittelbar gemessen gelten. Die Bezeichnung der verwendeten Meßmittel soll später (S. 48) festgelegt werden; sie richtet sich vornehmlich nach dem Aufbau des Gerätes.

Während F. W. Taylor die Schnittkräfte beim Drehen aus der verbrauchten Maschinenleistung, also auf einem Umweg berechnete, haben J. T. Nicolsen [1904] und C. Codron [1906] (6) die Schnittkräfte erstmalig unmittelbar gemessen. Die Genauigkeit der Meßergebnisse von Nicolsen und von Codron ist zwar nicht sehr groß; auch die Anlage und Ausführung der Meßgeräte kann den heutigen konstruktiven und meßtechnischen Forderungen nicht mehr entsprechen. Erst die Untersuchungen im Versuchsfeld für Werkzeugmaschinen der Technischen Hochschule Berlin [1913] erbrachten einen Fortschritt der Meßverfahren von Schnittkräften, wobei diese durch unmittelbare Messung am Werkzeug bestimmt wurden. Diese Ergebnisse konnten unter Beachtung der im vorigen Abschnitt gebrachten Anforderungen an Kraftmeßeinrichtungen in den letzten Jahren nachgeprüft und zum Teil berichtigt werden.

B. Der grundsätzliche Aufbau der Meßeinrichtungen.

Die an einer Kraftmessung beteiligten Meßglieder werden in Geber, Übermittler und Empfänger eingeteilt. Auch für Schnittkraft- und Drehmomentmesser ist diese Einteilung vorteilhaft; die einzelnen Glieder werden bei beiden Meßgerätearten verwendet. Grundlage aller gebräuchlichen Meßverfahren ist

1. die Erzeugung einer elastischen Verformung eines Körpers (des Gebers) unter dem Einfluß der Schnittkraft oder der Drehmomentwirkung,

2. Umwandlung und Vergrößerung der Geberverformung durch Einrichtungen (Übermittler), deren Wirksamkeit auf mechanischen, hydraulischen, magnetischen oder elektrischen Wirkungen beruht und

3. Verfahren und Geräte (Empfänger) zum Sichtbarmachen der Meßgröße als vorübergehende Anzeige oder geschriebene Aufzeichnung.

Als älteste Kraftmeßeinrichtung ist die Membranmeßdose bekannt. Diese bei Meßverfahren von Zug- oder Druckkräften verwendeten Meßdosen, z. B. Kraftdosen der Werkstoffprüfung (7), sind durch ihren Aufbau für die Schnittkraftmessung wenig geeignet. Die Kraftmessung erstreckt sich hier auf einen so großen Weg des Gebers, daß das Werkzeug bei den verschiedenen Belastungen während der Schnittkraftmessung nicht mehr in gleicher Weise schneidet wie bei der üblichen Einspannung im Support.

Bei diesen Kraftdosen wird die unter einer Druckbelastung auf einen geführten Zylinder erzielte Verschiebung auf eine eingeschlossene Wassersäule oder andere geeignete, inkompressible Flüssigkeitssäule (Glyzerin, Quecksilber od. ä.) übertragen, die in einer offenen Kapillare ausmündet oder in einer Bourdonfeder als einem dem Druck ausweichenden Glied endet. Eine dünne Membrane als Folie aus Stahl, Gummi, Leder oder Goldschlägerhaut übernimmt die Abdichtung des Druckgefäßes an der Bewegungsstelle des Druckkolbens; bei kleineren Drücken genügt bereits zur Dichtung ein sauber eingeschliffener Kolben. Unter Verschiebung der eingeschlossenen Flüssigkeit wird der hydraulische Druck (kg/cm²) im ganzen System erhöht und die angeschlossene Bourdonfeder gestreckt, wobei der Druck durch einen am Ende der Bourdonfeder angelenkten Zeiger auf der Skala eines Manometers angezeigt wird.

Die Membranen erlauben infolge ihrer geringen Steifigkeit zwar große Wege (bis etwa 2 oder 5 mm) des Kolbens zu erzielen und Drücke von etwa 600 bis 1500 at abzudichten. Aber sie halten die stoßweise schwingende Belastung unter der Schnittkraft nicht lange und gleichbleibend aus, weil sie als eingespannte Platten auf Biegung beansprucht sind und an der Einspannstelle leicht reißen. Die Belastung dieser Meßdosen darf nur gleichmäßig-zügig, aber nicht stoßweiße-schwingend sein. In Abb. 1a···b ist die Einspannung der Membranen dargestellt, aus denen die Gefahrenstellen für ein unerwünschtes und meist der Beobachtung nicht zugängliches Aufquellen bei *a* und Einreißen bei *b* ersichtlich sind. Die Membranmeßdosen wurden deshalb wegen ihrer Gefahren für ein einwandfreies Ergebnis an neueren Werkstoffprüfmaschinen durch Meßdosen ersetzt, die eine wirkliche elastische Verformung eines Gebers als Grundlage der Kraftmessung haben (8), wie sie heute bei Schnittkraftmeßgeräten ausschließlich angewendet werden.

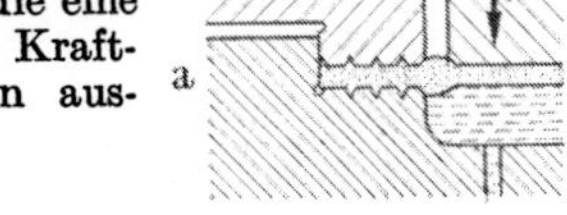

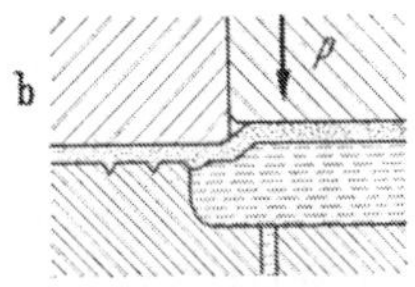

Abb. 1. Formänderung einer elastischen Membrane (*a*) und Hohlraumbildung in einer hydraulischen Membranmeßdose (*b*).

III. Die Geber.

Zahlreiche für die Herstellung der Geber verwertbare Werkstoffe folgen dem Hookeschen Gesetz. Dieses besagt, daß bei Zug- bzw. Druckbelastung bis zur Elastizitätsgrenze die Längenänderung einer Meßstrecke der Belastung verhältnisgleich ist. Die gleiche Abhängigkeit gilt bei der Verdrehung einer Meßlänge an einem stabförmigen Körper: der Verdrehungswinkel ist der Belastung verhältnisgleich. Bei Entlastung innerhalb der angegebenen Grenzen bildet sich die Formänderung stets zu ihrem Nullwert federnd zurück. Derjenige Werkstoff und diejenige Gestalt des gebenden Meßgliedes sind nun zur Messung einer Kraft oder eines Momentes am geeignetsten, die stets zuverlässig diesem Gesetz folgen; sie müssen außerdem in ihrer Festigkeit imstande sein, die zu messenden Kräfte zu übertragen. Bei der Entwicklung solcher Geber sind bis zum heutigen Tage erhebliche Anstrengungen gemacht worden, diese Forderung zu erfüllen, doch würde es zu weit führen, den Entwicklungsweg hier darzustellen (9). Es sollen vielmehr die Tatsachen hervorgehoben werden, die den Geber neuzeitlicher Schnittkraftmeßdosen und Drehmomentmesser noch heute zu einem schwierigen Teil der ganzen Meßanordnung machen. Diese zusammenfassende Darstellung soll deshalb richtungweisend für die Beurteilung bisheriger Ausführungen und für Neuentwicklungen sein.

A. Federnde Geber für Zug- und Druckbeanspruchung.

Als Werkstoff des elastischen Meßgliedes einer Zug- oder Druckkraft wird meist Federstahl in Gestalt einfacher Konstruktionsteile: Zylinder, Kugel, Biegestab, Membrane oder Federplatte verwendet. Ihre Ausbildung und Lagerung zeichnet die Güte des Gebers aus. Bei der Konstruktion sind nicht nur die Gesetze der Mechanik und Dynamik zu beachten, sondern auch Kniffe und Feinheiten, sowie praktische Erfahrung mit solchen Geräten ausschlaggebend für den Erfolg. Es ist aber unmöglich, hier alle zu berücksichtigenden Gesichtspunkte für obige Geber zu erläutern; es muß genügen, auf wichtige aufmerksam zu machen.

1. Der Zylinder. Die einfachste Form eines Gebers ist ein Zylinder, der auf Druck oder Zug innerhalb der Elastizität des Werkstoffes beansprucht wird. Er wird meist als hohler Stauchzylinder ausgeführt, um im Inneren geschützt das Meßelement (Übermittler) für die elastische Verformung aufzunehmen. Seine Berechnung aus der mit gleicher Wandstärke ausgeführten Stauchlänge ist sehr einfach (10), wenn die Festigkeitseigenschaften des Werkstoffes genügend bekannt sind. Die Beanspruchung könnte theoretisch bis zur Proportionalitätsgrenze erfolgen; es muß jedoch ein Sicherheitsspielraum für unbeabsichtigte Überschreitungen der Grenzlast des Gebers berücksichtigt werden.

Der Stauchzylinder ist die günstigste Geberform für große Kräfte bis zu vielen Tonnen; er ist es besonders deshalb, weil die Druckfestigkeit der verwendeten Werkstoffe sehr hoch liegt. Die Eichkurve als graphische Darstellung der Stauchung in Abhängigkeit von der Belastung ist eine Gerade. Deshalb ist die Empfindlichkeit (Größenänderung der Verformung bei gleicher Belastungszunahme) über den gesamten Meßbereich bei kleinen und großen Kräften gleich groß; auch sind die persönlichen Fehler bei den Ablesungen aus dem Eichschaubild bei einer Geraden am geringsten.

2. Die Kugel. Es ist häufig erwünscht, gerade bei kleinen Kräften eines an sich großen Meßbereiches eine größere Empfindlichkeit zu besitzen. Hierfür ist die gehärtete Kugel als Geber zwischen zwei gehärteten Platten eine günstige Anordnung; die Annäherung der Platten in der Belastungsrichtung, also die elastische Verformung der Kugel und der Platten an den Kugelanlagestellen ist hier ein Maß für die Kraftwirkung. Die Abhängigkeit der Annäherung f (Geberfederung) von der Last P kann durch die Gleichung für die Abplattung zwischen Kugel und Platte ausgedrückt werden:

$$f = 2 \cdot 1{,}23 \sqrt[3]{\frac{2\,P^2}{E^2 d}} \;\; \text{[cm]}. \qquad\qquad \text{(Gl. 8)[1]}$$

Dabei ist d der Kugeldurchmesser in mm und E der Elastizitätsmodul in kg/cm² für die Kugel und die Platten aus dem gleichen Werkstoff.

Der Vorteil einer Kugel als Geber in Bezug auf die Anfangsempfindlichkeit geht aus der errechneten Eichkurve Abb. 2 hervor, bei der $E = 2\,100\,000$ kg/cm² angenommen wurde. Die Eichkurve steigt bei kleiner Belastung schneller als bei großer. In Verbindung mit einem geeigneten Übermittler der Geberfederung hat daher die Kugel als Geber für einen Kraftmesser mit nur einem Meßbereich manchen Vorteil. Fertigungstechnisch ist die Anordnung sehr einfach herstellbar; außerdem ist der Einfluß der Angriffsrichtung der zu messenden Kraft vernachlässigbar für die Meßgenauigkeit. So wurde die Kugel als ein die Kraft übertragendes Konstruktionsteil bereits zahlreich bei jenen Übermittlern verwendet, die besonders gegen eine schiefe Angriffsrichtung der Kraft empfindlich sind. Man sollte deshalb die Kugel nicht nur als Kräfteübertrager, sondern auch als elastischen Geber häufiger in Meßdosen anbringen.

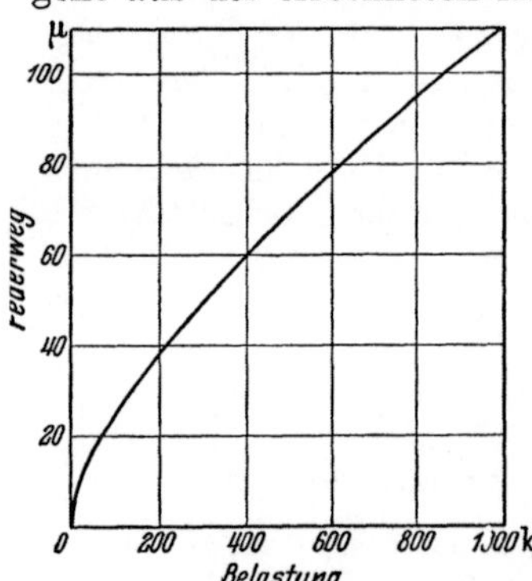

Abb. 2. Rechnerisch ermittelte Eichkurve einer belasteten Kugel (5 mm ⌀).

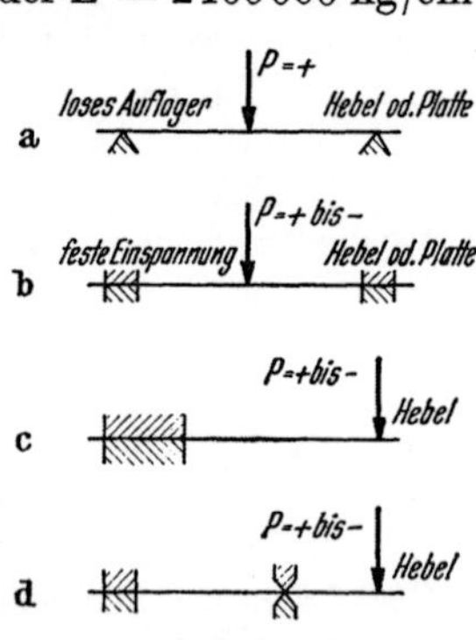

Abb. 3. Einfache elastische Geberformen.

3. Federnde Hebel und Platten. Räumliche Verhältnisse und Abmessungen hebelartiger Geber, sowie die Forderung nach einfach und praktisch herstellbaren Formen legen eine grundsätzliche Gestaltung und Lagerung nach Abb. 3a bis d nahe. Theoretisch einwandfrei und den Rechnungsweisen der Mechanik entsprechend wäre in allen Fällen nur die „messerscharfe" Lagerung oder Einspannung

---

[1] FÖPPL, A., u. O. FÖPPL: Drang und Zwang, 2. Aufl., Bd. 2, S. 226. München und Berlin: R. Oldenburg 1924—28.

des Gebers und die Unelastizität der Lagerstellen (10). Geber und Lagerstellen müßten eine vollständig unbewegliche, fast homogene Verbindung darstellen; in der praktischen Ausführung kann dies aber kaum erreicht werden.

Bei der Verformung führen beide Teile nicht vorausbestimmbare Verlagerungen aus. Ferner müssen die Lagerstellen eine Breite haben und verformen sich elastisch; dabei verändern sich die unveränderlich angenommenen geometrischen Verhältnisse der Lagerung. Weiterhin verschiebt die Längung der dem Auflager zugewendeten Faser den Auflagepunkt A_1 und A_2 (Abb. 4), so daß wegen der

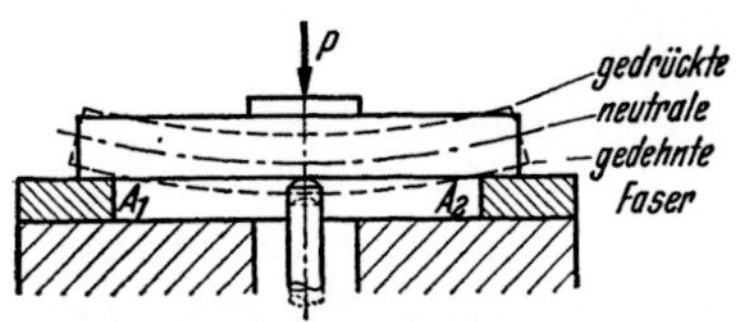

Abb. 4. Einfache Federplatte mit Verschiebung der Auflager.

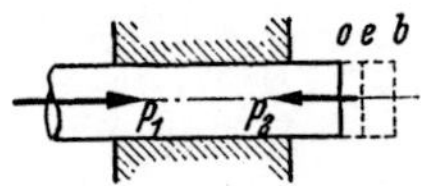

Abb. 5. Mechanische Hysterese eines geführten Druckbolzens. P_1 Verstellkraft; P_2 Rückstellkraft; 0 Ausgangsstellung, b belastet, e entlastet.

Lagerreibungskräfte die Verschiebung der Lagerstellen beim Zurückfedern nicht unbedingt aufgehoben wird.

Selbst bei Zug- oder Druckbelastung eines einfachen geführten Bolzens wird dieser die Ausgangsstellung durch die Rückstellkräfte nach der Entlastung infolge Reibung an den Wandungen nicht sicher wieder erreichen (Abb. 5).

Bei der Übertragung der Kraft P durch einen geführten Stempel, der eine eingespannte Stabfeder durchbiegt (Abb. 6), findet ein ständiges Wandern der Übertragungsstelle am Stempel und an der Feder statt; es treten Reibungskräfte durch dieses Gleiten auf. Ein Abwälzen der Stempelkuppe durch eine besondere Formgebung kann nur unvollständig erzielt werden, so daß stets ein Anteil gleitender Reibung vorhanden ist; die Reibung verhindert die völlige Rückkehr des Stempels in die alte Ausgangsstellung. Es treten Reibungsmomente auf, die ohne

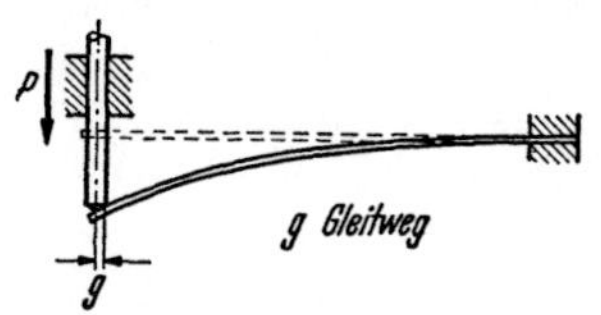

Abb. 6. Gleitende Reibung eines elastischen Gebers. g Gleitweg.

äußere Eingriffe nicht überwunden werden können.

Wir fassen alle diese Erscheinungen des Nacheilens des Entlastungszustandes hinter dem Belastungszustand unter dem Begriff der „mechanischen Hysterese" zusammen. Bei tatsächlich gleich großer Belastung werden daher höhere Lastwerte für denjenigen Zustand angezeigt, der durch ein Entlasten der Meßeinrichtung erreicht wurde.

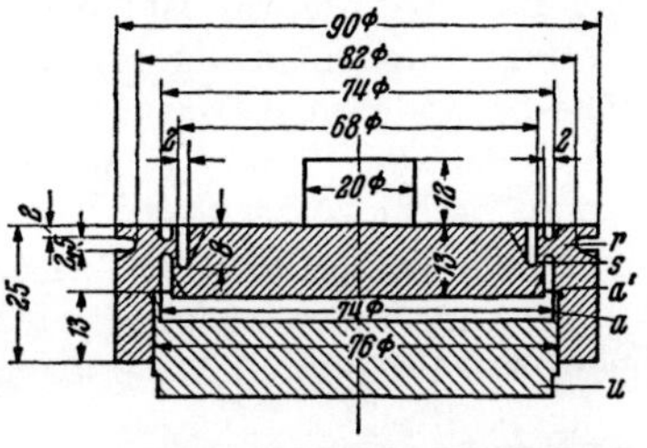

Abb. 7. Lagerreibungsfreie Federplatte für Druckkräfte bis 10000 kg. (Nach F. EISELE.) a, a' Auflager; r Auflagering; s Ringquerschnitt; u Untersatz.

Wenn auch alle diese Abweichungen von den rechnerischen Annahmen fast unmeßbare Einzelfehler sind, so können sie doch so groß werden, daß die Anordnung und Konstruktion unbrauchbar wird. Besonders nachteilig ist es, wenn bei einem Geber die größte Verformung gerade an Auflagerpunkten erfolgt. Am Beispiel einer ausgeführten Meßdose für Frässchnittkräfte von F. EISELE (11) soll erklärt werden, wie dem Grundsatz der Befreiung der Auflagerstellen von elastischen Verformungen bei Hebel- oder Plattengebern konstruktiv Rechnung getragen werden kann.

In Abb. 4 ist die Lageveränderung einer einfachen Platte in stark vergrößertem Maßstab skizziert; an den Stellen A_1 und A_2 wird die Platte bei der Durchbiegung verlagert. Die Ausführung nach Abb. 7 vermeidet diese Mängel. Die Federplatte hat durch vier ringförmige Einstiche eine eigenartige Ausbildung am oberen

Teil erhalten. Mit einer Auflagefläche a' liegt sie auf dem Auflager a des Untersatzes u auf, der mit dem festen Grundkörper des Gerätes verbunden ist. Der unter einer Zugbelastung federnde Ringquerschnitt s übernimmt die notwendige Beweglichkeit als eine Art „Aufhängering" der elastischen Platte. Er behindert nicht die Querdehnung der unteren Fasern wie bei der Federplatte aus Abb. 4; diese Querdehnung kann sich jetzt in der seitlichen Nut ausbreiten. Der obere Teil des äußeren Randes r der Federplatte ist durch seine Abmessung nur geringen Querdehnungen unterworfen. Die Querdehnungen der unteren Faser der Platte und des gesamten Auflagerringes r behindern auch nicht die Querdehnung des Auflagers a, da dies als dünner Ring ausgeführt ist. Das Auflager a' befindet sich nämlich angenähert in der neutralen Faser des Auflagerringes r. Sie wird bei statischer Belastung der Platte durch Ausmessen mit Meßuhren versuchsmäßig bestimmt; dabei wird die Auflagerfläche a' erforderlichenfalls nachgearbeitet.

Dieser Geber hat sich für große Kräfte durchaus bewährt. Diejenigen Fehler aber, die durch eine einseitige und ungleichmäßige Federung der Platte oder deren ungenaue Fertigung hervorgerufen werden, bleiben auch hier bestehen; sie verursachen ein Wandern und Verschieben des Kraftangriffspunktes aus der Mitte. Solche kleinen Fehler werden jedoch wohl kaum zu vermeiden sein.

Es dürfte nur angenähert möglich sein, die elastische Durchfederung f dieser Platte unter einer Höchstlast P aus der Gleichung für die Durchbiegung einer Platte[1] zu berechnen:

$$f = \psi \, \frac{r^2 P}{s^3 E} \; [\text{cm}] \,, \tag{Gl. 9}$$

wobei $P =$ Einzellast in kg, $r =$ wirksamer Plattenradius in cm, $s =$ Plattendicke in cm, $E =$ Elastizitätsmodul in kg/cm² für Federstahl und $\psi =$ Einspannungsgrad und Formfaktor ist; der Formfaktor ψ ist unbekannt, so daß die Durchfederung versuchsmäßig ermittelt werden muß. Als Richtmaß für die Plattengröße bei anderen Kräften diene die Angabe, daß mit der Ausführung nach Abb. 7 Kräfte bis zu 10000 kg gemessen wurden; die Durchbiegung bei 6000 kg Belastung betrug dabei etwa 0,07 mm. Eine näherungsweise Berechnung kann auf folgendem Wege durchgeführt werden:

Die innere Federplatte wird unter Annahme bekannter Beiwerte auf ihre Beanspruchung nach Gl. 9 berechnet und versuchsmäßig nach der Herstellung nachgeprüft. Der Ringquerschnitt s wird als voller, durch die Kraft P nur auf Zug beanspruchter Ring betrachtet; seine Beanspruchung darf nicht zu hoch liegen, damit er noch die Belastungen durch die Querdehnung der Federplatte aufnehmen kann. Zur Erleichterung der Herstellung der schmalen, tiefen Nuten werden diese zweckmäßig verjüngt eingedreht; jedoch nur so mäßig verjüngt, daß an den engen Querschnitten des Steges s keine gefährliche Verdichtung von Spannungslinien auftreten kann. Diese Formgebung wurde nachträglich in den Entwurf von F. Eisele in Abb. 7 gestrichelt eingetragen. Mit dieser Gestaltung eines Gebers als zylindrische Platte können bei Auswahl eines geeigneten Werkstoffes auch kleine Kräfte gemessen werden.

Auch bei pneumatischen Meßdosen kommen federnde Hebel und Platten zur Benutzung; als Geber kleiner Kräfte werden dann dünne, federnde Blechplatten verwendet. Für diese Übermittlerart sind große Meßwege erforderlich, da die Luft stark zusammengedrückt werden muß, um eine ausreichende Meßleistung für den Empfänger zur Verfügung zu haben. Ein glattes Blech wird

---

[1] Dubbel, H.: Taschenbuch für den Maschinenbau, 7. Aufl., Bd. 1, S. 416. Berlin: Springer 1939.

jedoch bei großer Durchbiegung faltig. Deshalb führt man die weiche Membrane wellig aus, wie dies von Luftdruckmessern her bekannt ist.

Sollen mit den unter 1 bis 3 behandelten Geberformen verschiedene, sehr unterschiedliche Kräfte gemessen werden, dann reicht die Empfindlichkeit der Geber zumal für kleine Kräfte nicht aus. Es wären deshalb jeweilig verschiedene Größen der Geber für die gleiche Meßdose anzufertigen und auszuwechseln, was aber nicht immer ohne erheblichen Arbeitsaufwand, besonders bei der Ausführung von laufenden Messungen, durchgeführt werden kann: Man braucht einen Geber mit mehreren Meßbereichen.

4. Geber mit mehreren Meßbereichen. Für einen Hebel kann eine Geberform nach Abb. 8 ausgeführt werden (12, 44), mit der durch einfache Hilfsmittel verschiedene Meßbereiche eingestellt werden können. Bei einer solchen Lagerung mit überhängendem Kraftangriff tritt in jedem Falle durch die Verschiebung des Kraftangriffes an der Übertragungsstelle des Druckes oder Zuges eine gleitende Reibung auf. Diese Anordnung ist zunächst als ungünstiger anzusprechen als der Geber nach Abb. 7, da man an keiner Stelle eine unveränderliche Verbindung zwischen Auflager und federndem Meßglied schaffen kann. Sie hat aber den praktisch erprobten Vorteil der einfachen Einstellung mehrerer Meßbereiche durch die Abstützung des Hebels mit verschiedener Entfernung von der Einspannstelle. Bei Annahme des gleichen Federweges des Hebels muß man durch Abstützung bei b und den langen freien Hebelarm nur eine kleinere Kraft aufwenden als bei der Unterstützung des Hebels bei a. Infolge der verschiedenen Hebelarmlängen ist die Kraft zur Erzielung der gleichen Durchbiegung also verschieden: bei kurzem Hebelarm größer als bei langem Hebelarm. Das heißt, daß man mit der Einrichtung durch verschiedenartige. Abstützung des federnden Gebers in weitem Bereich verschieden große Kräfte messen kann oder daß der mechanische Empfindlichkeitsbereich erweitert ist.

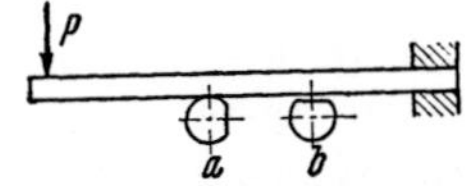

Abb. 8. Geberform für verschieden große Meßbereiche bei gleich großem Federweg. (Nach H. Schallbroch und H. Schaumann.) Auflager a für großen, b für kleinen Meßbereich.

Diese Anordnung mit freiem Überhang des Gebers wurde bei dem Einkomponenten-Schnittkraftmesser nach H. Schallbroch und H. Schaumann im Versuchsfeld für Werkzeugmaschinen der Technischen Hochschule München (12, 44) entwickelt (DRP. 728746); sie wurde trotz der Nachteile der gleitenden Reibung und der auftretenden Reibungsmomente an der Auflage und Einspannstelle einer anderen Form vorgezogen. Die Reibung der Ruhe und die Klemmwirkung einer Einspannung und Führung werden nämlich durch die unvermeidlichen, im Betrieb stets auftretenden Schwingungen des Meißels im Schnitt gelöst und überwunden. Die Wirkung der Reibung fällt damit nicht so erheblich ins Gewicht, wie es bei der ersten Überlegung scheinen mag. Um bei der statischen Eichung den Betriebszustand nachzuahmen, muß man die Spannungen des mechanischen Teiles des Schnittkraftmessers durch leichtes Klopfen während der Eichung lösen.

B. Federnde Geber für eine Verdrehungsbeanspruchung.

In früheren Zeiten bestand durch die gering entwickelte Fertigungstechnik von Meßgeräten und die vorherrschende Aufgabenstellung einer Drehmomentmessung bei der Leistungsprüfung großer Arbeitsmaschinen eine gewisse Beschränkung in der Form der Geber. Wenn auch das Hookesche Gesetz in seiner Anwendung auf eine Verdrehungsbeanspruchung bekannt war und den günstigsten Weg einer Momentmessung gewiesen hätte, so war man aber vor allem bei umlaufenden Gebern nicht in der Lage, diese verhältnismäßig kleine Verdrehung eines Gebers mit den vorhandenen Meßmitteln genau auszumessen. Man war in diesen Fällen gezwungen, den Geber bei der Momentübertragung einen großen Weg machen zu lassen, der als Maß für das Drehmoment herangezogen wurde. Wir finden deshalb in älteren Drehmomentmessern meist Geber mit verhältnismäßig großen Wegen, die mit mechanischen und hydraulischen Mitteln angezeigt oder aufgezeichnet wurden. Die neuzeitlichen elektrischen Meßmethoden geben dagegen die Möglichkeit, mit sehr kleinen Meßwegen auszukommen.

Als Geber für eine Drehmomentmessung sind umlaufende oder stillstehende, eine Leistung oder ein Drehmoment übertragende Teile erforderlich. Aufbau und äußere Formen sind besonders bei den Drehmomentgebern recht ähnlich, was sich aus der Aufgabenstellung leicht erklärt.

5. Elastische Reibungskupplungen. Bei Drehmomentmessungen mit mechanischem Empfänger an einer sich drehenden Welle ist diese stets geteilt. Bei älteren Ausführungen war der Geber meist eine Reibungskupplung (13), an der eine Wegmessung vorgenommen wurde. Auf dem der Antriebsseite entgegengesetzten Wellenende (Abb. 9) sitzt eine Scheibe fest verkeilt. Sie berührt mit einer schrägen Fläche (Schraubenfläche) seitlich eine gleich schräge Fläche an einer zweiten Scheibe, die sich auf dem freien Ende der getriebenen Welle befindet. Diese zweite Scheibe mit einer Verkeilung auf dem Wellenende der getriebenen Welle kann sich axial verschieben und wird durch die Anpreßkraft der Schraubenfeder von der sich drehenden, antreibenden Scheibe mitgenommen. Anpreßkraft der Schraubenfeder sowie Neigung und Glätte der mitnehmenden Flächen an den Scheiben (Gleitflächen) sind nun so aufeinander abgestimmt, daß sich bei der Übertragung des Drehmomentes die lose Scheibe um mehrere Millimeter seitlich verschiebt, was für eine Ausmessung mit einem vergrößernden Schreibgerät ausreicht. Je größer das Drehmoment, also die Umfangskraft an den Gleitflächen, um so größer ist der seitliche Weg der losen Scheibe einschließlich des Wälzlagers; die Verschiebung wird am Außenring des Wälzlagers abgegriffen. Sie ist, von Ungleichmäßigkeiten der Reibung an den Kupplungsflächen abgesehen, in Millimetern gemessen dem übertragenen Drehmoment verhältnisgleich. Der Geber wird statisch geeicht; dabei wird am Umfang der seitlich beweglichen Scheibe ein Hebel angeschraubt, an den in waagerechter Stellung Gewichte angehängt werden, und die treibende Welle an der Drehung verhindert. Das Drehmoment aus Gewicht und wirksamem Hebelarm verdreht dann die Scheibe gegen die festgehaltene Antriebswelle, wodurch die lose Scheibe seitlich verschoben wird.

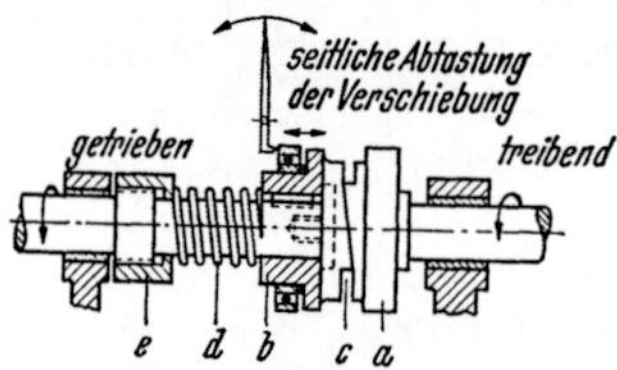

Abb. 9. Geber einer Verdrehung mit Reibflächen und Schraubenfeder.
a feste Scheibe; *b* seitlich verschiebbare Scheibe; *c* Reibflächen; *d* Schraubenfeder; *e* Einstellmutter für Meßbereich.

Sowohl der Eichung als auch dem Gebrauch des Gebers haften Fehler an, die durch die Reibungsverhältnisse bedingt sind. Es läßt sich nur schwer erreichen, daß die Größe der sich berührenden Reibungsflächen in allen Stellungen gleich groß bleibt; bei größer werdender Verdrehung der Scheibe werden die schraubenförmigen Berührungsflächen immer kleiner, so daß die Flächenpressung (kg/mm^2) größer wird. Die Eichkurve ist dann nicht mehr eine Gerade, sondern eine Kurve. Für kleinere Kräfte kann die schräge Fläche einer Scheibe durch einen Bolzen ersetzt werden, so daß die Reibungsflächengrößen gleichbleiben. Die Ausführungsart wurde bis zu hohen Drehzahlen (etwa 2000 U/min) verwendet.

Weiter ist der Reibungswert der Ruhe verschieden von dem der Bewegung, so daß zwischen der statischen Eichung und der praktischen, dynamischen (d. h. auf- und abpendelnden) Belastung keine genaue Übereinstimmung besteht. Die Anzeige des Meßwertes ist also bei hohen Genauigkeitsansprüchen nicht genau genug. Bei hohen Drehzahlen der Welle wird die Fliehkraft der losen Scheibe eine so hohe Reibungsanpressung auf der Welle und an dem in ihr sitzenden Keil erzeugen, daß die Scheibe nicht mehr leicht beweglich genug ist. Die gleiche Erscheinung tritt bei schnellen Schwankungen des Drehmomentes auf, so daß man eine nicht unbeträchtliche mechanische Hysterese beobachtet. Auch die Form der Schraubenfeder trägt zum Nachteil dieser Geberform bei, weil sie infolge der Windungen mehr oder weniger einseitig drückt. Als Vorteil ist dagegen anzuführen, daß verschiedene Meßbereiche des Gerätes leicht durch unterschiedlich starke Spannung der Feder d eingestellt werden können. Die Berechnung des Gebers und der Feder gestaltet sich einfach mittels der bekannten Gleichungen aus zu übertragendem Drehmoment, Umfangskraft an der mittleren Berührungsstelle der Gleitflächen und Reibungsbeiwert der verwendeten Werkstoffe.

Der ungünstige Einfluß der Schraubenfedern kann beseitigt werden, wenn mehrere symmetrisch verteilte Blattfedern an der Stirnfläche der losen Scheibe die Übertragung der Umfangskraft übernehmen (Abb. 10). Auch diese Form wird in älteren Ausführungen von Drehmomentmessern gefunden, wobei man aber nur einen einmal festgelegten Meßbereich erhält, wenn man den Austausch der Federn vermeiden will. Die Relativverdrehung zwischen Antrieb a und Abtrieb b wird mittels Schrägfläche e und Gleitrolle f in eine Verschiebung der Hülse g verwandelt; diese Seitenverschiebung kann auf verschiedene Weise mit bereits bekannten Mitteln zur Drehmomentanzeige oder -aufschreibung verwendet werden.

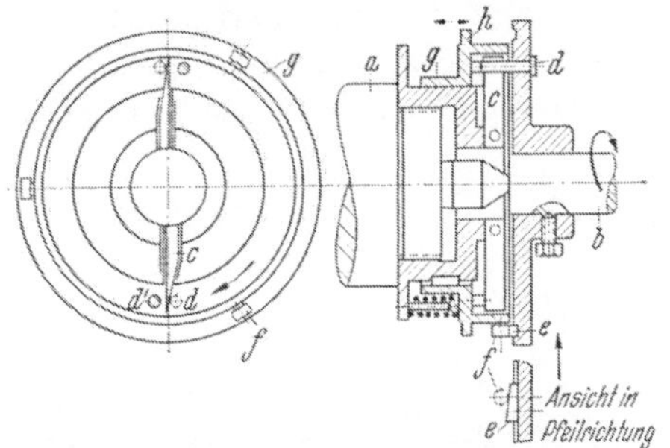

Abb. 10. Geber mit Blattfedern.
a Arbeitsspindel; b Werkstück; c Blattfedern; d Mitnehmerbolzen; d' Sicherheitsbolzen; e Gleitstück; f Gleitrolle; g seitlich verschiebbaré Hülse; h Meßweg-Abtastung.

Die Verdrehung zweier Scheiben an Wellenenden kann auch durch Stabfedern (13) aufgenommen werden (Abb. 11). Das Nacheilen der getriebenen Scheibe f hinter der treibenden e verkürzt den Abstand zwischen den beiden Scheiben, die durch die Stabfedern verbunden sind. Die Annäherung der seitlich beweglichen Scheibe wird auf die Meßdose b übertragen und ist ein Maß für das zu messende Drehmoment. Auch hier können durch die Schraubenfeder d und ein verschieden kräftiges Spannen mehrere Meßbereiche eingestellt werden. Die Meßdose b wird im Stillstand des Gebers bis zu ihrer größten Belastung durch die Einstellschraube c vorgespannt; beim Übertragen eines Drehmomentes wird sie dann entlastet, so daß sie gegen Überlastung gut gesichert ist.

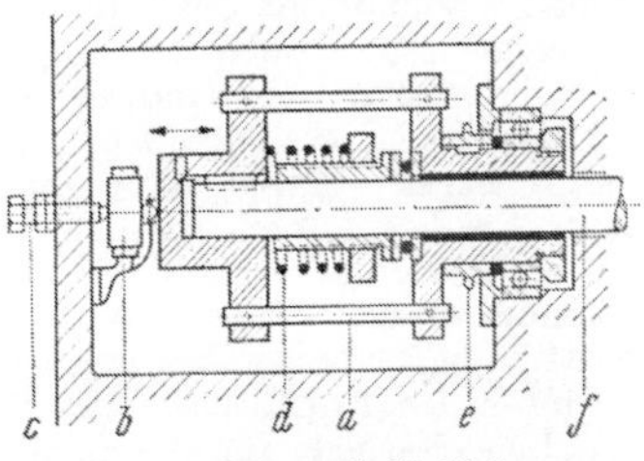

Abb. 11. Geber mit Stabfedern.
a Stabfeder; b Druckdose; c Vorspannung; d Feder für Meßbereich; e Antrieb; f Abtrieb.

An Stelle von Stabfedern kann sowohl eine Schraubenfeder als auch eine uhrfederähnliche Spiralfeder die nachgiebige Verbindung der beiden Scheiben oder Wellenenden bilden. So wurde eine in Spiralform gewickelte Blattfeder für Drehzahlen bis 2500 U/min praktisch erprobt (14), wobei die Nacheilung der getriebenen Welle elektrisch ausgemessen wurde. Das Anfahrmoment, das meist das mittlere zu übertragende um ein Vielfaches übersteigt, führte jedoch bei größeren Belastungen gelegentlich zu einer Zerstörung. Die Spiralfeder müßte deshalb für eine so große Überlast bemessen werden, daß sie bei dem eigentlichen Meßvorgang kleinerer Drehmomente zu unempfindlich würde.

Die Empfindlichkeit der Geberformen nach Abb. 9···11 als Reibungskupplung und Federn verschiedenster Gestalt hängt weitgehend von der konstruktiven Anlage und der fertigungstechnischen Ausführung ab. Sie ist für viele Messungen ausreichend; bei geraden Eichkurven ist sie über den gesamten Meßbereich gleich groß. Allerdings ist die Trägheit infolge der zahlreichen Reibungsstellen und unter Einschluß der Empfänger sehr hoch, so daß immer nur Mittelwerte der wirksamen Drehmomente gemessen werden.

In manchen Fällen lassen sich diese Geber für Drehmomente an die Arbeitsspindel einer Werkzeugmaschine an- oder in Meßtische einbauen, ohne bauliche Veränderungen an der Maschine zu bedingen. Sie sind deshalb beliebte Geräte für Betriebsmessungen und Versuchsarbeiten minderer Genauigkeit, die ein überschlägiges Bild der Arbeitsweise einer Werkzeugmaschine oder eines Werkzeugs geben sollen. Bei den Baubeispielen (S. 64) werden Ausführungsarten angeführt.

6. Zahnräder. Als ältere, bekannte Geberform einer Leistungsübertragung ist hier die Drehmomentwaage von A. J. AMSLER (1) zu nennen. Eine elastische Verformung eines Gebers in dem hier gebrauchten Sinne nach S. 8 wird hierbei zwar nicht erzielt, um mit Hilfe des erzeugten Meßweges die übertragene Kraft zu bestimmen; es wird vielmehr die Gegenwirkung der zu messenden Kraft benutzt, um ein Maß für die übertragene Kraft zu erhalten. Die Anordnung wertet für eine Drehmomentmessung den Zahndruck in einem Zahnradgetriebe aus (Abb. 12).

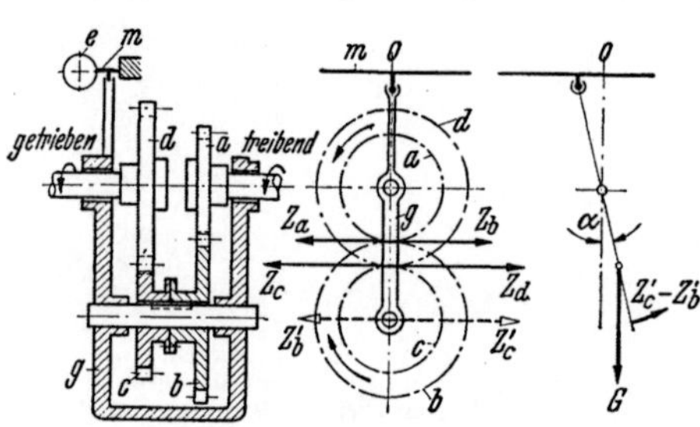

Abb. 12. Zahnräder als Geber einer Leistungsübertragung. (Nach A. J. AMSLER.)
a bis d Zahnräder; e Schreibtrommel bzw. feststehender Maßstab; g Getriebegehäuse; Z_a bis Z_d Zahndruck; Z_b' und Z_c' Lagerreaktionskräfte; G Gewicht von g; α Auslenkwinkel; m beweglicher Maßstab.

Das Getriebe ist zwischen die Enden der die Leistung übertragenden, geteilten Spindel eingebaut. Unter einstweiliger Vernachlässigung der Verluste des Getriebes überträgt die Zwischenwelle mit Zahnrädern b und c wegen ihrer kleineren Drehzahl als die antreibende Welle ein Drehmoment, das größer ist als das Drehmoment der antreibenden Welle. Aus den von allen Zahnrädern übertragenen Drehmomenten können die zugehörigen Zahndrücke am Umfang der einzelnen Zahnräder berechnet werden; sie sind in ihrer Richtung und in ihrer verhältnismäßigen Größe Z mit den jeweiligen Indizes der zugehörigen Zahnräder in Abb. 12 eingetragen. Die Differenz der Reaktionskräfte bringt eine Schwenkung des Getriebegehäuses um seine Aufhängeachse hervor. Es kann durch einfache Rechnung mittels der übertragenen Kräfte, der Hebelarme und des Auslenkwinkels α des Gehäuses nachgewiesen werden, daß $\sin\alpha$ dem übertragenen Drehmoment verhältnisgleich ist. Dieser Sinus des Auslenkwinkels wird an der geradlinigen Bewegung eines Maßstabes m abgelesen oder von einem Schreibstift aufgezeichnet.

Durch den Anbau des Getriebes wird die Antriebsdrehzahl untersetzt, und es entstehen zusätzliche Verluste für die zu untersuchende Maschine. Man muß die Verluste durch Bestimmung des Wirkungsgrades des Getriebes zu ermitteln versuchen und dann rechnerisch berücksichtigen. Hierin liegt bereits eine Ursache für Ungenauigkeit und Unzuverlässigkeit der Messung. Weiter kann das Pendeln des Gehäuses infolge der Massenträgheit schnellen Änderungen der Leistungsübertragung nicht folgen. Das Getriebe muß nämlich für die Übertragung der vollen Leistung bemessen sein, so daß es selbst bei Verwendung hochwertiger Baustoffe ziemlich schwer wird. Laufunruhe der Zahnräder und Schwingungen des Getriebes übertragen sich auf das eigentliche Meßglied, so daß das Meßergebnis darauf kritisch untersucht werden muß.

Für Messungen von ziemlich gleichbleibenden Drehmomentwerten und bei mäßigen Genauigkeitsansprüchen ist die Einrichtung als einfaches Meßmittel brauchbar. Es ist jedoch nicht bekannt geworden, daß dieser mit dem Zahndruck arbeitende Drehmomentmesser bei der Untersuchung von Werkzeugmaschinen angewendet wurde. Ein Anbau des Getriebes an eine zu untersuchende Maschine würde schon wegen der größeren Kräfte und Gewichte mit reichlichen Schwierigkeiten verbunden sein.

Auf die Verwendung von Zahndrücken geht auch der von H. Opitz (2) entworfene Drehmomentmesser mittels schrägverzahnten Getrieberadpaares zurück (Abb. 13). Der Geber ist hier gewissermaßen eine „verzahnte Kupplung" zweier nebeneinanderliegender Wellen. Eines der schrägverzahnten Zahnräder ist auf seiner Welle seitlich verschiebbar und gibt die dem M_d verhältnisgleiche Axialkraftkomponente an eine Kraftmeßdose ab. Die Flankengenauigkeit der Verzahnung und die Einbaugenauigkeit der Teile beeinflußt sehr wesentlich die Genauigkeit des Meßergebnisses; diese ist jedoch besser als die einer Reibungskupplung als Geber.

Neben den hier behandelten Reibungskupplungen und Verzahnungen wären auch noch andere mit verhältnismäßig großen Meßwegen behaftete Geberformen für die Drehmomentmessung an einer Welle denkbar, die in ihrem Aufbau von der Gestalt und Wirkungsweise bekannter elastischer Kupplungen abgeleitet werden können. Sie würden dann alle den Reibungsschluß an Flächen oder in Verzahnungen (z. B. Kegelräder mit geraden oder gebogenen Flanken) benutzen; ihre Eignung als Geber wird bestimmt durch die unterschiedliche Reibungskraft der Ruhe und Bewegung. Der Wert eines derartig aufgebauten Drehmomentmessers muß also immer im Hinblick auf die Reibungsverhältnisse beurteilt werden. Solche Geberformen sind aber bislang noch nicht erprobt worden.

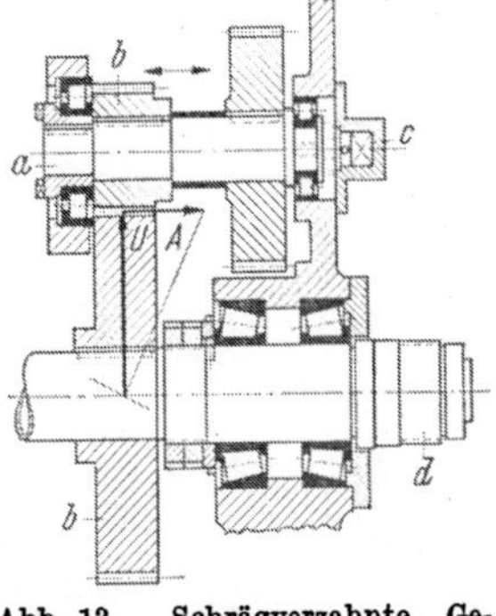

Abb. 13.   Schrägverzahnte Getrieberäder als Geber einer Verdrehung. (Nach H. Opitz: Z. VDI Bd. 81 [1937] S. 59.)
a Vorgelegewelle; *b* Schrägzahnräder (z. B. 25°); *c* Druckdose; *d* Arbeitsspindel; *U* Umfangskraft; *A* Axialkraft.

7. Schrauben- und Blattfedern. Nicht nur an einer sich drehenden Welle, sondern auch an einem ruhenden Werkstück oder Werkzeug kann ein Drehmoment abgefangen und als Kraftwirkung in einen Federweg übergeführt werden. Die Kraft wird im Geber abgestützt, der eine auf Zug oder Druck beanspruchte einfache Federplatte, Schraubenfeder oder auch Blattfeder ist, deren Verformung ausgemessen werden kann.

Bei sehr geringer Steifigkeit der Federabstützung ist der erforderliche Meßweg als Verformung einer Aufspannplatte für ein Werkstück oder stillstehendes Werkzeug sehr groß; er beträgt etwa 10 bis 25 mm bei Schreibhebelempfängern, um genügende Unterschiede der angezeigten Werte zu erhalten. Dieser Betrag kann bereits mit einem Seilzug (15) auf eine Schreibtrommel übertragen werden, dessen Ausführung aus Abb. 14 hervorgeht. Das Drehmoment wird durch das Federnsystem abgefangen, dessen Vorspannung durch Gewindeschrauben *h* einstellbar ist, um verschiedene Meßbereiche zu erhalten. Eine kleine Verdrehung des Meßtisches *a* bewirkt entsprechend der

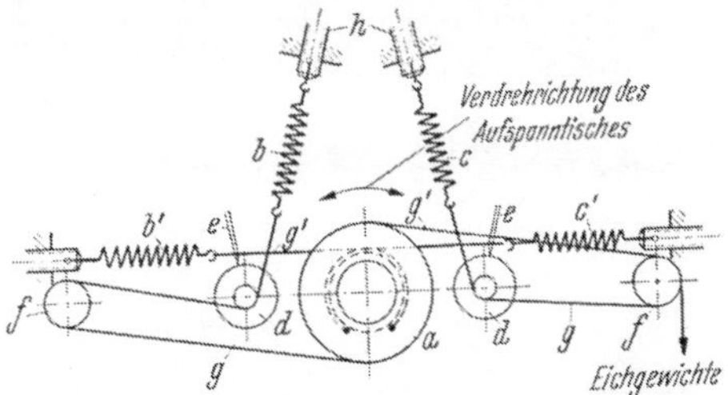

Abb. 14. Schraubenfedern als Geber eines statischen Drehmomentes.
(Nach W. Osenberg, Diss. T. H. Dresden 1927.)
a Aufspanntisch; *b, b'* und *c, c'* Schraubenfedern; *d* Schreibtrommeln; *e* Schreibstifte (feststehend); *f* Umlenkrollen; *g, g'* Darmsaiten; *h* Vorspannung.

Hebelarmlängen der Auflaufscheiben (Halbmesser) für die Darmsaiten eine größere Drehung der Schreibtrommeln.

Während jedes Meßvorganges sind die Federn unterschiedlich gespannt, so daß der Seilzug verschiedenartige Eigenspannung und damit stets geänderte Anlageverhältnisse aufweist. Dies muß besonders beim Vergleich von Meßanzeigen für sehr verschieden große Drehmomente beachtet werden. Der Einfluß der Spannungen und der Anlage der Saiten darf vornehmlich bei Messung sehr kleiner Kräfte nicht vernachlässigt werden. Infolge der großen Massen und Eigenkräfte der Anordnung ist die Geberform allerdings nicht für sehr kleine Drehmomente geeignet.

Mit der Drehmomentmessung am ruhenden Werkstück oder Werkzeug wird sehr häufig noch eine Feststellung der Kraftwirkung in Richtung der Werkzeugachse (Seitenkraft oder Vorschubkraft) verbunden, so daß der Verdrehung eine Bewegung des Meßtisches in Achsrichtung überlagert ist. Für die Abstützung der Kraft in Achsrichtung (Vorschubkraft) ist natürlich wieder ein Geber erforderlich, der meist ebenfalls eine Stabfeder, Schraubenfeder oder eine bekannte Kraftmeßdose ist. Damit können alle Aufgaben einer Drehmoment- und Vorschubkraftmessung an Bohrern, Senkern, Reibahlen und ähnlichen Werkzeugen wie z. B. auch Schaftfräsern usw. gelöst werden.

Zum Schluß dieser Betrachtung seien nochmals die unübersichtlichen Reibungsverhältnisse erwähnt, die das Meßergebnis stark beeinflussen. Auch die großen Federwege sind nachteilig, so daß die Genauigkeit der Messung nicht überschätzt werden darf. Eine nachrechnende Berichtigung ist schwer und meist fast unmöglich, so daß durch den Meßvorgang nur überschlägige Ergebnisse erhalten werden. Diese würden erst genauer, wenn die Meßwege der Geber nur wenige Zehntel Millimeter unter gleichzeitiger Abgabe einer genügend großen Meßleistung durch einen Übermittler betrügen.

8. Federnde Wellen. Greifen an einer vollen Welle nach den in Abb. 15a bezeichneten Abmessungen zwei Drehmomente M_d (cmkg) verdrehend an, so gilt für den Verdrehungswinkel φ (in Grad gemessen) innerhalb des elastischen Verformungsbereiches des Werkstoffes mit seinem Gleitmodul G (kg/cm²) die Beziehung (16):

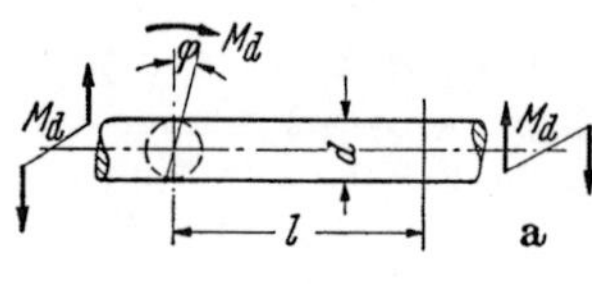

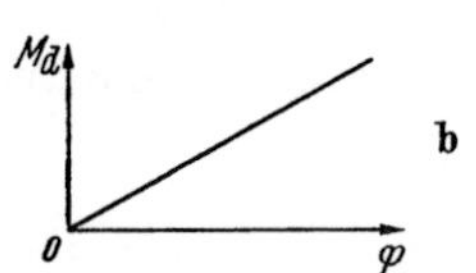

Abb. 15a u. b. Welle als elastischer Geber einer Verdrehung und die Eichgerade.
d Wellendurchmesser; l Meßlänge; φ Verdrehungswinkel; M_d Drehmoment.

$$M_d = \frac{\pi\, d^4\, G\, \varphi}{32 \cdot 180\, l}. \qquad \text{(Gl. 10)}$$

Die Verdrehung ist also dem aufgebrachten Drehmoment verhältnisgleich, was in einer Eichgeraden (Abb. 15b) zum Ausdruck kommt.

Aus einer Winkelmessung des Winkels φ könnte man bei bekanntem Gleitmodul das aufgewendete Drehmoment berechnen und mit diesem aus der Leistungsgleichung mit der Winkelgeschwindigkeit ω weiter die übertragene Bruttoleistung

$$N_{Br} = M_d \cdot \omega \qquad \text{(Gl. 11)}$$

$$= M_d \frac{\pi\, n}{30} = \frac{\pi^2\, d^4\, G}{32 \cdot 5400\, l}\, \varphi\, n. \qquad \text{(Gl. 12)}$$

Bei dieser einfachen Meß- und Rechnungsweise treten indessen zahlreiche Schwierigkeiten auf: die genaue Winkelmessung ist bei umlaufender Welle unbequem und umständlich; die Angabe der an der Verdrehung beteiligten Meßlänge l ist schwierig, weil die benachbarten Werkstoffteile auch an der Verformung teilnehmen. Der Meßwellendurchmesser ist trotz genauer Bearbeitung entlang der Meßstrecke für die Rechnung zu ungleich, so daß man selbst bei einem Mittelwert kein genaues Rechnungsergebnis erhält. Zudem verursachen Ausmeßfehler des Wellendurchmessers d einen etwa 4fachen Fehler, da d in der 4. Potenz erscheint, Fehlmessungen bei der Meßstrecke l, des Verdrehungswinkels φ und des im Versuch bestimmten Gleitmoduls G einen einfachen Fehler. Dazu treten noch die Fehler bei der Messung der Winkelgeschwindigkeit ω, die während einer Zeit t aus der Umlaufzahl n_t berechnet werden kann. Der relative Gesamtfehler (16) kann folgende Größe annehmen, wenn δ der Fehlbetrag des jeweiligen Meßwertes ist:

$$\frac{\delta G}{G} + \frac{4\,\delta d}{d} + \frac{\delta \varphi}{\varphi} - \frac{\delta l}{l} + \frac{\delta n_t}{n_t} - \frac{\delta t}{t}. \qquad \text{(Gl. 13)}$$

Durch die verschiedenen Vorzeichen der Einzelfehler könnte der theoretische Fall eintreten, daß sämtliche Fehler sich aufheben und das Rechnungsergebnis genau wäre. Diese Wahrscheinlichkeit ist aber sehr gering, ja fast ausgeschlossen. Man verzichtet deshalb auf eine unmittelbare Winkelmessung in Winkelgraden; man überträgt vielmehr die Winkelverdrehung des Gebers unter einer Momentwirkung auf einen der nachfolgend zu beschreibenden Übermittler und stellt durch eine versuchsähnliche Eichung den erforderlichen Meßmaßstab für das Drehmoment her.

Die Geberform eines Verdrehungsstabes kann sowohl für die Drehmomentmessung an einer umlaufenden Welle als auch an einem nichtumlaufenden Teil verwendet werden. Wenn dabei gleichzeitig eine axiale Kraft gemessen werden soll, dann muß das Einspannteil des Wellenendes, das das Gegenmoment des zu messenden Momentes aufnimmt, eine axiale Bewegung zulassen. Hierdurch wird dann leider die starre Einspannung des Gebers aufgehoben, die eine verhältnismäßig große Trägheitslosigkeit gewährleistet. In dieser Beziehung ist der Torsionsstab aber auch trotz kleiner axialer Beweglichkeit als Geber bei Drehmomentmessungen noch weit vorteilhafter als die Geberformen der Kupplungen und Federn mit ihren großen Geberwegen. Wir finden ihn deshalb in neuzeitlichen Drehmomentmessern fast immer angewandt (vgl. S. 64···66).

IV. Die Übermittler und Empfänger.

Die relativ kleinen federnden Wege können durch Mittel der Mechanik, Hydraulik, der Optik, Akustik, des Magnetismus und der Elektrizität übertragen werden. Dabei hat die Entwicklung des Feingerätebaues und der Fertigungstechnik in der gleichen Weise die Meßgenauigkeit gesteigert, wie umgekehrt genauere Kraft- und Längenmessungen die Fertigungsweise der Meßgeräte und ihre Genauigkeit vorwärts trieben. So ist es verständlich, daß je nach dem Stand der Entwicklung von Meßwesen und Fertigungstechnik das eine oder andere Gebiet physikalischer Erscheinungen für die Umwandlung und Vergrößerung einer Geberverformung bevorzugt oder abgelehnt wurde.

Die Kraftäußerung längs eines kleinen Weges des elastischen Gebers wird durch den Übermittler unmittelbar oder nach einer geeigneten Wandlung mittelbar dem Empfänger zugetragen.

Der Träger der eigentlichen Übermittlung wird durch das meist sehr einfache Konstruktionselement einer Leitung dargestellt (mechanisches Gestänge, Rohrleitung, elektrische Leitung). Da nun die Wirkungsweise des Federweges und des Wandlers bei einigen Verfahren auf ähnlichen physikalischen Erscheinungen beruht wie die des Empfängers und weil die Eigenschaften des Wandlers die des Empfängers weitgehend beeinflussen, ist es zweckmäßig, Übermittler und Empfänger der einzelnen Verfahrensgruppen jeweils zusammen zu behandeln. Dieser natürlichen Einheit soll auch bei der nachfolgenden Gliederung und kritischen Beurteilung der einzelnen Verfahren Rechnung getragen werden, so daß sich an die jeweiligen Gruppenabschnitte Übermittler der Geberfederung immer der Abschnitt des zugehörigen Empfängers anschließen soll.

Eine wesentliche Forderung an den Übermittler eines elastischen Federweges besteht darin, daß dem Empfänger bei kleinstmöglichem Federweg eine ausreichende Meßleistung geliefert wird. Weiter müssen die verschiedenen Verfahren eine je nach Aufgabenstellung genügend hohe Trägheitslosigkeit der Übermittler besitzen. Je nach der Erfüllung dieser Forderung richtet sich die Wertigkeit der einzelnen Verfahren. Ihre Behandlung soll in folgender Einteilung durchgeführt werden:

1. hydraulische Übermittlung,	3. mechanische Übermittlung,
2. pneumatische Übermittlung,	4. elektrische Übermittlung.

Diese Einteilung entspricht zudem in mancher Beziehung der geschichtlichen Entwicklung; die rein mechanische sowie elektrische Übermittlung konnte nämlich erst später als die hydraulische Übermittlung angewandt werden, weil die hochwertigen Feinmeßgeräte (Fühlhebel) und elektrische Hilfsmittel erst später zur Verfügung standen. Bei Messungen an Werkzeugmaschinen wurde die Anwendung der optischen Übermittlung nur einmal (vgl. S. 63), die der akustischen noch gar nicht erwähnt.

A. Hydraulische und pneumatische Übermittler und Empfänger.

9. Hydraulische Übermittler. Wir unterscheiden zwischen einer Geberwirkung als eine reine **Flüssigkeitsverschiebung** ohne (wesentliche) Druckerhöhung und einer Geberwirkung als eine **Druckerhöhung** einer in einem geschlossenen, in seiner Größe unveränderbaren Raum befindlichen Flüssigkeit. Die Flüssigkeitsverschiebung oder die Druckerhöhung wird über Rohrleitungen zum Empfänger weitergeleitet, der als anzeigendes Gerät ausgebildet sein muß.

Ein wesentlicher Nachteil ist die Schwierigkeit, die Leitungen für die Flüssigkeit als eigentlicher Übermittler jederzeit dicht zu bekommen und zu halten. Die kleinsten Unzuverlässigkeiten der Abdichtung führen bereits zu Fehlerquellen, deren Einzelkontrolle recht schwierig ist. Die Einfüllung der Flüssigkeit (Wasser, Öl, Glyzerin oder das in mancher Beziehung nicht ungefährliche Quecksilber) hat stets luftfrei zu erfolgen, da eingeschlossene Luft stark zusammendrückbar ist und falsche Anzeigen verursacht. Über die bei der Füllung zu beobachtenden Vorsichtsmaßregeln ist bereits so ausführlich berichtet worden, u. a. von G. Wazau, F. Eisele und H. Schöpke (8, 11, 17, 18, 19), daß hier nur ihre Langwierigkeit und Umständlichkeit als Nachteil für betriebsmäßige Untersuchungen genannt werden sollen.

Auf die Gefahr einer unregelmäßigen Totraumbildung bei der Auslenkung einer Membrane wurde schon in Abb. 1 b aufmerksam gemacht, wenn als Abdichtung eine verhältnismäßig steife Membrane genommen wird. Bei rückläufiger schneller Bewegung des Druckstempels könnte sich zudem infolge geringer Adhäsion der Stoffe eine Ablösung der berührenden Fläche der Membrane von der Flüssigkeit einstellen, so daß das Meßergebnis falsch wird.

Nach Beobachtungen können bei geschlossenen Meßrohren Druckfrequenzen bis etwa herauf zu 200 Hz, bei offenen Rohren etwa 2···5 Hz mittels Flüssigkeitssäulen gemessen werden. Dabei konnte bislang keine nachteilige Resonanz von Schwingungen der übermittelnden Rohrleitung und Flüssigkeit festgestellt werden (11). Für eine zuverlässige Schnittkraftmessung muß man aber höhere Frequenzen bis mindestens 500 Hz fordern. Zudem besitzt die hydraulische Übermittlung die genannten Gefahrenquellen. Bei Anwendung in der Werkstatt zur Leistungsbestimmung oder Schnittkraftmessung an Werkzeugmaschinen verlangt sie eine sorgfältige und verständnisvolle Überwachung. So verwendet hat sie bei der Entwicklung von Schnittkraftmeßgeräten manchen wertvollen Dienst geleistet.

10. Pneumatische Übermittler. Als Übermittler des Federweges eines Gebers ist bei der Untersuchung von Schnittkräften an Werkzeugmaschinen verschiedentlich (13, 15, 61) die Luft und deren Druckbeeinflussung in einem geschlossenen

Raum verwendet worden. Indessen hat dies Mittel bald anderen Übermittlungsverfahren weichen müssen, da schwer ausschaltbare Fehlerquellen vorhanden sind.

Für den eigentlichen Übermittler muß hier noch stärker als bei hydraulischen Übermittlern die Forderung auf vollständige Dichtung der Leitung genannt werden. Zunächst ist die gesamte Meßeinrichtung von der Umgebungstemperatur erheblich beeinflußbar. Bei der Arbeitsleistung der Luftsäule unterliegt sie weiter den von der Kompression herrührenden Temperaturveränderungen, so daß der Empfänger erst nach Erreichung eines Beharrungszustandes richtige Werte anzeigt. Bis zur Überwindung der Einstellzeit des Empfängers ist die Geberwirkung als eine adiabatische Druckänderung der Luftsäule zu betrachten, bei der weder Wärme zu- noch abgeführt wird; der Druck der eingeschlossenen Luft ist daher anfänglich größer als er bei isothermischer Druckänderung der Wegänderung des Gebers entspricht. Bei den Baubeispielen befindet sich eine Aufzeichnung des Kraftverlaufs (Abb. 57), die diese Verhältnisse erkennen läßt.

Einige weitere Schwierigkeiten treten beim Betrieb des pneumatischen Übermittlers hinzu; z. B. ist über den Einfluß der Rauhigkeit der Innenwandung der Leitung kein sicheres Bild zu erlangen. Auch sind die Schwingungsvorgänge der eingeschlossenen Luftsäule bei unterschiedlichen Frequenzen nicht eindeutig. Alle genannten Nachteile werden noch dadurch übertroffen, daß der Luftsäule als einem hochelastischen Körper durch die Verformung des Gebers kein großes leistungsfähiges Arbeitsvermögen erteilt wird. Trotz geringer beteiligter Luftmassen ist die Trägheit noch groß (aufzeichenbar bis etwa 10 Hertz); in Verbindung mit dem Empfänger hängt sie von der Leitungslänge und dem Leitungsdurchmesser ab, wie dies in Abb. 17 bei dem pneumatischen Empfänger dargestellt wird.

11. Hydraulische Empfänger. Auch die Wirkungsweise und der Aufbau eines neuzeitlichen Empfängers für eine hydraulische Kraftmessung machen das Verfahren für eine Verwendung in der Werkstatt nur mit Vorbehalt geeignet. Diese Einschränkung ist durch die Tatsache verursacht, daß der Empfänger im wesentlichen nur eine Umkehrung der Arbeitsweise des Gebers ist. Die Bewegung oder Druckänderung der Flüssigkeit in der Leitung muß auf die Beweglichkeit eines Zeigers oder eines schreibenden Hebels übertragen werden, um sie beobachtungsfähig zu machen. Hierfür sind bei zügiger und geringfügig schwingender Kraftänderung Empfänger angewendet worden (7, 8, 19), die auch für die Schnittkraftmessung gebraucht wurden (11, 13, 17, 18).

Die Verschiebung einer Flüssigkeitssäule kann am steigenden und fallenden Flüssigkeitsspiegel einer Glaskapillare bei geringfügig schwankenden Schnittkräften beobachtet werden. Es gelang schon sehr frühzeitig in der Meßtechnik, eine gleichmäßig weite Glaskapillare herzustellen, in der die Flüssigkeitsverschiebung und auch kleinere Veränderungen der Flüssigkeitsverdrängung in der Meßdose mit hinreichender Vergrößerung am Flüssigkeitsspiegel einer Glaskapillare beobachtet werden konnten. Aber diese einfache Ausführung und alle ähnlichen, die die große Verschiebung der Flüssigkeit bei umfangreichen Meßbereichen anzeigen sollen, haben erhebliche Nachteile bei Betriebsmessungen. Die Glaskapillare wird verhältnismäßig lang, wenn sie meist erforderliche größere Raumänderungen (z. B. 150 mm³) anzeigen soll (11); sie ist dadurch beim Transport in der Werkstatt leicht gefährdet. Die Trägheit der an der Wandung haftenden Flüssigkeit ist recht groß, so daß der Flüssigkeitsfaden in der Kapillare bei schnellen Änderungen abreißt. Eine Aufzeichnung der Flüssigkeitsbewegung (z. B. mittels Anstrahlung der lichtundurchlässig gefärbten Flüssigkeit und Vorbeiführung eines lichtempfindlichen Papierstreifens) ist umständlich und macht einige Schwierigkeiten; es muß deshalb die Anzeige dauernd beobachtet werden. Dabei ist die genaue Ablesung der Anzeige am hinter der Glaskapillare angebrachten Maßstab nur mit einiger Übung möglich. Persönliche Fehler durch schiefes Ablesen mit dem nicht in richtiger Höhenlage befindlichen Auge sind unvermeidbar. Das Messen mit Kapillaren kann danach nicht mehr den heutigen Anforderungen entsprechen.

Bessere Eignung besitzt die hydraulische Empfängereinrichtung, die mit der Druckveränderung einer eingeschlossenen Flüssigkeitsmenge arbeitet. Dabei bilden Flüssigkeitsraum unter dem Geber, Rohrleitung und Empfänger einen nach außen abgeschlossenen Druckraum. Der Empfänger kann dann eine Bourdonfeder sein, die den Druckraum abschließt und die sich unter dem erzeugten Flüssigkeitsdruck aufbiegt, so daß ein dadurch ausgelenkter Zeiger die Größe der Belastung des Gebers anzeigt oder aufschreibt. Die Druckfortpflanzung in der Flüssigkeit erfolgt zwar sehr schnell; eine verhältnismäßig große Trägheit, eine erhebliche mechanische Hysterese und eine merkliche Temperaturabhängigkeit ergeben aber nicht die einwandfreien Messungen, die heute mit elektrischen Meßverfahren erreicht werden können. Auch Druckindikatoren, bei denen der Flüssigkeitsdruck über einen gut dichtenden und sauber eingeschliffenen Kolben gegen eine Feder arbeitet und dadurch ein Zeigerwerk auslenkt, weisen einen Teil der angeführten Fehler auf, so daß auch sie für die Verwendung bei Schnittkraftmessungen weniger günstig sind.

Bourdonfedern und Druckindikatoren können nur so lange angewendet werden, wie die Verstellkräfte des gesamten Anzeigewerkes im Empfänger gegenüber der zu messenden Kraft unberücksichtigt bleiben dürfen. Dies ist bei kleinen Kräften nur durch genügend kleinen Druckdosendurchmesser (d. h. hohe hydraulische Pressung) und geeignete konstruktive Maßnahmen der Lagerung, Gestaltung und Werkstoffauswahl für alle einzelnen Teile möglich. Bei den Baubeispielen dieser Arbeit werden Geräte beschrieben, bei denen Bourdonfedern oder auch Druckindikatoren angebaut wurden.

12. Pneumatische Empfänger. Die Darstellung der Luftsäulenbewegung im Empfänger einer pneumatischen Meßdose kann bei der geringen zur Verfügung stehenden Energie und der Zusammendrückbarkeit der gespannten Luft nicht mit einer Bourdonfeder oder mit einer dem hydraulischen Druckindikator ähnlichen Kolbenbewegung erfolgen; die Messung in einer

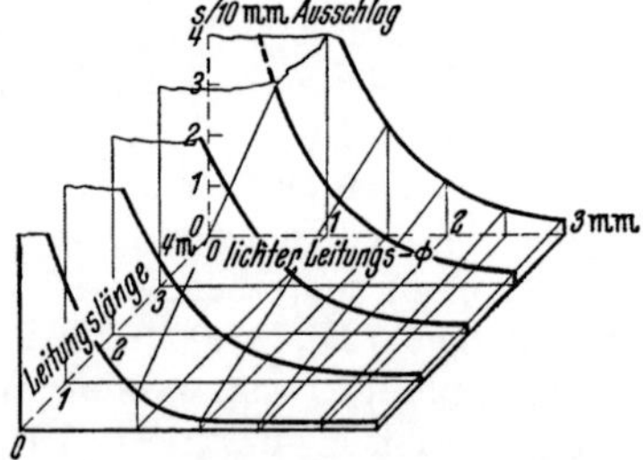

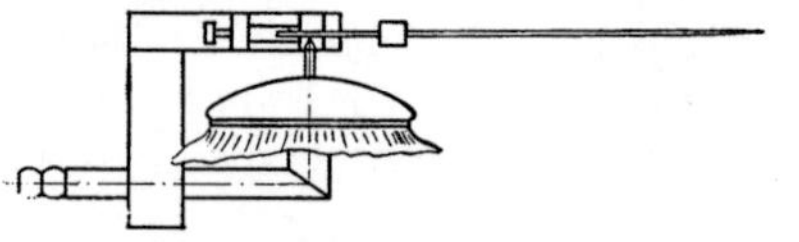

Abb. 16. MAREYscher Tambour. (Nach E. SACHSENBERG u. W. OSENBERG: Z. VDI Bd. 76 [1932] S. 264.)

Abb. 17. Anzeigeträgheit eines MAREYschen Tambours. (Nach E. SACHSENBERG u. W. OSENBERG: Z. VDI Bd. 76 [1932] S. 264.)

Kapillare ist auch hier aus den erwähnten Gründen nicht möglich. Man gelangt nur zu einem Erfolg, wenn man die Drucksteigerung der Luft im Übermittler auf eine sehr weiche Membrane überträgt, durch die ein leicht bewegliches Schreibwerk betätigt wird. Eine solche Anordnung, aus der physiologischen Untersuchungsmethodik bekannt, nennt man einen MAREYschen Tambour (Abb. 16), der mit einem sehr leichten Schreibhebel aus Stroh in starker Vergrößerung die Bewegung der Membrane auf Rußpapier schreibt. Die Trägheit der Anordnung in Abhängigkeit von Leitungsdurchmesser und Länge ist aus der Abb. 17 zu ersehen. Die Schreibkräfte bei der Aufzeichnung müssen wesentlich kleiner als die wirksamen Kräfte von der Membrane her sein, um sie nicht aufzuheben. Der grundsätzliche Aufbau des Empfängers macht aber bereits deutlich, daß hier kein für den Werkstattbetrieb geeignetes Verfahren vorliegt, so daß es nur im Versuchsfeld angetroffen wird (13).

B. Mechanische Übermittler und Empfänger.

13. Die Fühlhebel und die Meßuhr. Wenn die Durchbiegung des elastischen Gebers wenige zehntel, zum Teil nur hundertstel Millimeter betragen soll, so liegt es nahe, diesen Betrag durch Fühlhebel oder mittels Meßuhr ablesbar zu machen. Das Hebelwerk wäre dann als eigentlicher Übermittler, der Zeiger als Empfänger anzusehen. Sinngemäßer wird aber hier Übermittler und Empfänger als ein Teil betrachtet, der beide Aufgaben übernimmt.

Fühlhebel und Meßuhren können die zu stellenden Forderungen bei der Messung der Geberdurchbiegung bei zügiger Belastung erfüllen. Es gelingt nämlich durch mehrfache Vergrößerung des Federweges im Hebel- oder Räderwerk dieser neuzeitlichen Geräte hoher Genauigkeit, den Betrag auf einen Zeiger nahezu spielfrei zu übertragen. Die Anpreßkraft des Fühlstiftes oder der Meßuhr beträgt dabei bis 200 g. Für die Messung ruhender oder nur langsam veränderlicher Kräfte ist daher die Meßuhr ein geeignetes, leicht beschaffbares und einbaufähiges Gerät.

Für die Messung von Schnittkräften, die fast stets Schwingungscharakter haben, ist zu berücksichtigen, daß die Verstellkräfte einer Meßuhr ziemlich bedeutend sind, weil viele Reibungsstellen und Federkräfte zu überwinden sind. Die Trägheit der Meßuhr ist daher sehr groß, der Zeiger kann selbst langsamen Schwingungen der Schnittkräfte nicht folgen. Eine Meßuhr kann deshalb bei Schnittkräften kaum zum Messen des schwingenden Geberweges verwendet werden.

Eine sehr aussichtsreiche Entwicklung bahnt sich durch die neuen Bauarten der Fühlhebel an; besonders das aus neuester Zeit stammende Meßgerät „Mikrokator" wird als Übermittler und zugleich Empfänger für die Messung der mechanischen Geberverformung wichtig werden. Dieses Gerät benutzt die Verwindung eines gedrillten Bandes zur Meßübersetzung und erreicht infolge des Wegfalles aller Lagerdrücke und Reibungen einen Anpreßdruck von nur 3 bis 300 g je nach Ausführung und Meßbereich.

14. Das anzeigende und aufzeichnende Schreibgerät. Beim Anzeigen spielt der Zeiger über einer Skala, beim Aufzeichnen ist ein Schreibstift am Zeigerende befestigt und schreibt auf einem durch Uhrwerk oder Motor vorbeibewegten Papierstreifen. Der Geberweg wird sehr häufig mit einem leicht gebauten, doppelarmigen Hebel übertragen, wobei der anzeigende oder schreibende Hebel zur Vergrößerung meist länger ist (Abb. 9). Aber auch mehrgliedrige Hebelwerke sind vielfach gebräuchlich (Abb. 18), um den bogenförmigen Ausschlag in einen geradlinigen Schreibstiftweg zu verwandeln (20).

Die konstruktiven Lösungen sind auf diesem Gebiet so vielfältig, daß Einzelheiten nicht gebracht werden können. Dabei sind diejenigen Anordnungen vorzuziehen, deren Verstellkräfte im Verhältnis zu den vom Geber übermittelten Kräften vernachlässigbar klein sind. Zu den Verstellkräften sind Lager- und Gelenkreibungen sowie der Bewegungswiderstand des Schreibstiftes zu rechnen, die so klein wie möglich zu halten sind. Man schreibt mit Blei, Tinte auf gewöhnliches Papier, mit Silberspitzen auf präpariertes Papier oder ritzt in wachsüberzogenes Papier bzw. Rußpapier. Beim Schreiben auf Rußpapier wird der Papierstreifen sofort nach der Aufzeichnung in einem Bad behandelt (13), um die Zeichnung unverwischbar zu machen.

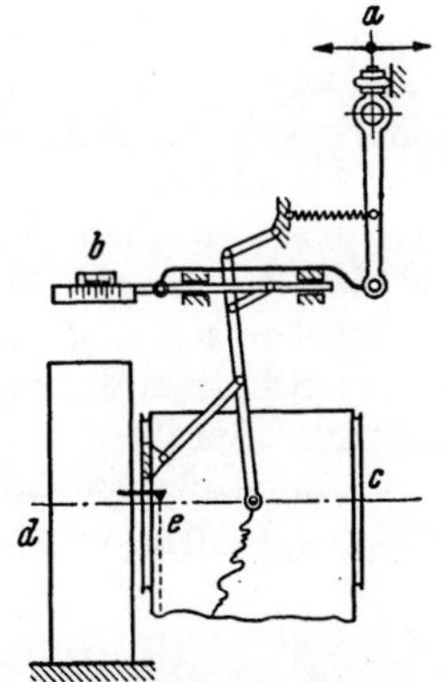

Abb. 18. Aufbau eines aufzeichnenden Schreibgerätes. *a* aufzunehmender Weg; *b* Ablesemaßstab; *c* Schreibtrommel; *d* Uhrwerk; *e* Zeitmarken.

Die einfach zwischen Spitzen gelagerten oder auf einem Bolzen beweglichen
Schreibhebel sind am häufigsten zu finden. So gut wie vollständig frei von Lager-
reibungskräften sind die Kreuzfedergelenke (Abb. 19), die auch sonst als
ideale Lagerung für Feinmeßgeräte anzusehen sind. Hier ist der auslenkbare
Zeiger an vier breiten federnden Stahlbändern aufgehängt, von denen je zwei
in zwei Ebenen liegen, die senkrecht aufeinander
stehen. Der Zeigerträger ist hier als Spiegel mit
Gegengewicht ausgebildet, von dem ein Lichtstrahl
reflektiert wird.

Der Schreibhebel mechanischer Geräte wird
durch Gewichtsbelastung oder Federkraft kraftschlüssig an dem gebenden Übermittlerteil gehalten. Läuft dieser um, so sind die Reibungskräfte
von Bedeutung. Man bringt deshalb ein Wälzlager
an, an dessen stillstehendem Außenring die meist
mehrere Millimeter betragende Wegänderung des

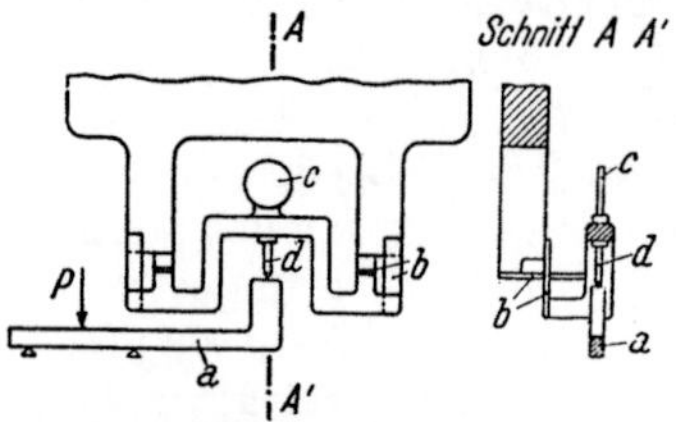

Abb. 19. Kreuzfedergelenk für eine
spielfreie Lagerung.
a Geber; *b* gekreuzte Federbänder;
c Spiegel; *d* Übertragungsstift.

Gebers abgegriffen wird (Abb. 9). In jedem Falle bleibt die Trägheit eines
mechanischen Schreibgerätes durch Reibungskräfte groß. Da ferner eine starke
Vergrößerung des Geberweges erforderlich ist, sind lange Hebelarme zu be-
wegen, die den Änderungen durch ihre großen Massen nicht schnell zu folgen
vermögen. Man kann deshalb nur erwarten, daß niedrige Frequenzen bis höchstens 10 Hz genau aufgezeichnet werden.

C. Elektrische Übermittler und Empfänger (21, 22).

Die Elektrotechnik und das elektrotechnische Meßwesen verbesserten seit
etwa zwei Jahrzehnten eine Reihe zweckmäßiger Mittel und Verfahren, um die
mechanische Änderung des elastischen Gebers, also bei unserer Betrachtung
seinen „Weg“ unter dem Einfluß der Schnittkraft, in eine elektrische Meßgröße
zu verwandeln. Wir können diese Hilfsmittel Wandler nennen. Wandler und
eigentlicher Übermittler bilden zusammen den elektrischen Übermittler.
Der eigentliche Übermittler ist in allen Fällen die strom- und spannungführende
elektrische Leitung, an die kaum besondere Anforderungen zu stellen sind, abgesehen von der Isolierung und Abschirmung beim piezoelektrischen und kapazitiven Verfahren.

Alle elektrischen Verfahren haben den Vorteil, daß der Geber mit Übermittler
und der Empfänger räumlich getrennt aufgestellt werden können. Als Wandler
der mechanischen Formänderung eines Gebers in elektrische Anzeigen wurden
bei der Schnittkraftmessung und der allgemeinen Kraftmessung sechs Verfahren
praktisch erprobt:

1. Das piezoelektrische Verfahren.   3. Das Verfahren mit festen Halbleitern.
2. Das kapazitive Verfahren.   4. Das Verfahren mit flüssigen Halbleitern.
5. Das induktive Verfahren.
6. Das magnetoelastische Verfahren.

Jeweils zwei der Verfahren gehören ihrer Wirkungsweise nach zusammen. Beim
ersten Verfahren wird im weitesten Sinne und beim zweiten im strengsten
Sinne eine Kapazität durch die zu messende Kraft beeinflußt, bei den beiden
nächsten Verfahren ein ·Ohmscher Widerstand und bei den beiden letzten ein
induktiver Widerstand geändert. Als günstig ist dabei nicht etwa das Verfahren
zu betrachten, das an sich nach theoretischer Überlegung das genaueste Meßergebnis herbeiführen würde, sondern dasjenige, welches sich im praktischen

Betrieb bewährt hat. Für eine solche Bewährung können folgende Gesichts‚
punkte in Betracht kommen:

a) im mechanischen Teil: kleine Abmessungen des Wandlers, leichter konstruktiver Einbau in Stahl- und Metallteile, geringer Aufwand an Fertigungskosten für die gesamte Meßanordnung;

b) im elektrischen Teil:

1. großer Wandlereffekt bei allen Kraftäußerungen (möglichst verstärkerloser elektrischer Betrieb), ausreichende Empfindlichkeit der elektrischen Schaltung,

2. Unabhängigkeit von Hilfsspannungen, niedrige elektrische Betriebsspannung zur Sicherung gegen Bedienungsunfälle und Erzielung leichter elektrischer Isolierung und Abschirmung,

3. Sicherheit und Gleichmäßigkeit des elektrischen Betriebes durch Unabhängigkeit des elektrischen Effektes von Beschleunigungen und Temperaturänderungen, geringer Einfluß von mechanischen Auswirkungen der Wärme (Dehnungen),

4. keine mechanische Hysterese und Nachwirkung (Konstanz der Anzeige bei verschieden langer Belastungsdauer, Konstanz des Nullpunktes),

5. Übereinstimmung von statischer und dynamischer Eichung.

Eine Erörterung der einzelnen Punkte an dieser Stelle erscheint verfrüht, da erst die Wirkungsweise der Verfahren bekannt sein muß. Zudem hat nicht jeder Bewährungspunkt für jedes Verfahren die gleiche Bedeutung, so daß nur die auf das Meßergebnis einflußreichen Punkte bei der Behandlung des Aufbaues und der Wirkungsweise kritisch beurteilt werden sollen; diese sind dann bei der Auswahl eines Verfahrens entscheidend.

15. Das piezoelektrische Verfahren (23···26). Verschiedene Kristalle, u. a. Quarz und Seignettesalz, wirken piezo-(druck-)elektrisch, wenn sie in einer durch ihre Kristallstruktur bestimmten Achse durch eine äußere Kraft beansprucht werden.

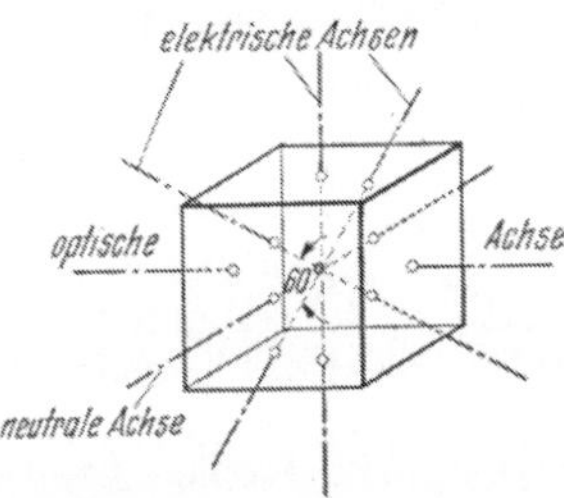

Abb. 20. Achsenlage am Quarz.

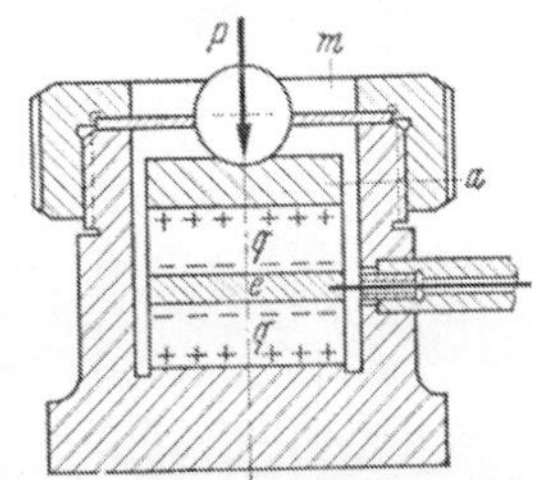

Abb. 21. Normalform einer Quarzkammer.
e Elektrode; m Membran;
q Quarz; a Platte.

Einen meßtechnisch günstigen Effekt besitzt Quarz, der zweckmäßig in Richtung seiner neutralen Achse (Abb. 20) beansprucht wird. Die auf dieser Achse senkrechten Flächen werden dann entgegengesetzt elektrostatisch aufgeladen. Die elektrostatische Ladungsmenge ist dem ausgeübten Druck verhältnisgleich; bei Entlastung gehen die Ladungen zurück, ohne eine Restladung zu hinterlassen.

Der Quarz ist meist als zylindrische Platte von rd. 2···3 cm Durchmesser und 1···2 cm Höhe ausgebildet, die sich unter Druck mit etwa 10^{-11} Coulomb/kg auflädt. Die Ladung kann durch Hintereinanderlegen mehrerer Platten vervielfacht werden, wobei die gleichpoligen Flächen elektrisch parallel geschaltet sind; eine elektrische Reihenschaltung würde die elektrische Spannung erhöhen. Meist werden nur zwei Quarzplatten genommen. Dadurch ist eine Anordnung nach Abb. 21 möglich, die sich bereits bei vielen Untersuchungen bewährt hat (23). Die negativen elektrischen Flächen liegen an einer Elektrode an, von der die Ladung für den Empfänger abgenommen wird; für den Betrieb des Empfängers ist es vorteilhaft, gerade die negative Ladung abzunehmen, während die positive über das Metallgehäuse geerdet wird. Bei Benutzung der negativen Ladungsmenge müssen die Quarze in Richtung der **neutralen Achse** belastet werden. Hierdurch wird eine schwierige Isolierung der elektrischen Flächen, die sonst sämtlich mit dem Gehäuse in Berührung kämen, nicht erforderlich; nur das die negative Ladung zum Empfänger leitende Kabel muß gegen das Gehäuse durch Bernstein sicher isoliert sein.

Die Kraft wirkt über eine Kugel und eine den Druck verteilende Platte a auf die Quarzplatten. Eine mechanische Sicherung der Quarzplatten gegen Bruchgefahr ist nicht möglich; die Höchstlast darf also nicht überschritten werden.

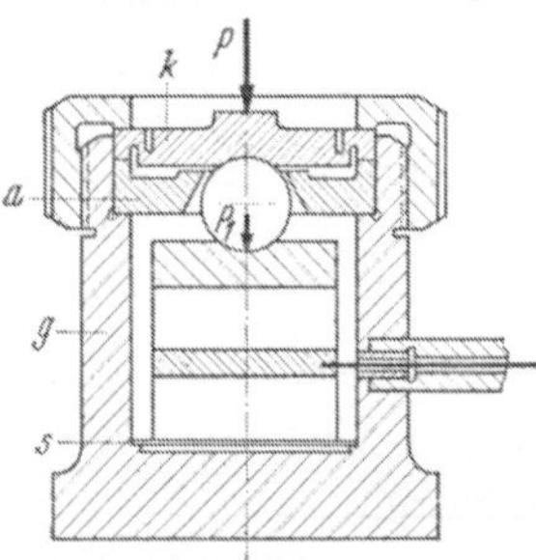

Abb. 22. Druckmeßkammer mit Kraftabstützung.
P Druck, P_1 Teilkraft; a Anschlag; g Gehäuse; k Kraftabstützung; s Sicherungsplatte gegen Quarzbruch.

Sollen größere Kräfte als die Bruchlast des Quarzes mit Einschluß eines Sicherheitszuschlages gemessen werden, so muß eine Kraftabstützung k mit Sicherungsplatte s gegen Quarzbruch nach Abb. 22 vorgesehen werden, die nur eine Teilkraft überträgt. Die Kraftabstützung k darf sich dabei nur um die zulässige kleine elastische Verformung der Quarzplatten durchbiegen. Diese darf etwa $1 \cdots 3\,\mu$ betragen; somit läßt sich aus dem Elastizitätsmodul $E = 10^6\ \mathrm{kg/cm^2}$ und den oben angegebenen Abmessungen der Quarzplatten die größte Druckkraft berechnen. Genauere Angaben werden im Schrifttum von den Erbauern solcher Geräte nicht gemacht; P. M. PFLIER (22) nennt eine Beanspruchung von $800\ \mathrm{kg/cm^2}$, die aber reichlich hoch erscheint, wenn sie die Druckbeanspruchung darstellen soll. Wir erkennen, daß von Quarzplatten bei Berücksichtigung eines ausreichenden Sicherheitszuschlages nur sehr kleine Kräfte im Vergleich zu auftretenden Schnittkräften ertragen werden können.

Der piezoelektrische Effekt verlangt einen vollständig trockenen, auch fettfreien Quarz. Bei Verwendung von Schneidflüssigkeiten und einer eingebauten piezoelektrischen Druckdose in ein Schnittkraftmeßgerät ist also auf sicheren Abschluß nach außen zu achten. Zur Verhütung von Quarzbrüchen müssen die Auflageflächen genau eben sein; der Druck muß senkrecht auf die Auflageflächen erfolgen. Mithin muß die gesamte Kraftmeßdose sehr sorgfältig hergestellt werden.

Die durch die Kraft erzeugte elektrische Ladung der elektrischen Flächen ist stets eine statische Elektrizitätsmenge Q; diese durch die Kapazität C der Quarzplatten dividiert ergibt die Spannung zwischen den positiven und negativen elektrischen Flächen:

$$U = Q/C \ \text{[Volt]}. \tag{Gl. 14}$$

Die Spannung U ist verhältnismäßig niedrig. Über den Widerstand R, den der Quarz als Stoff besitzt, kann die Spannung bei längerer statischer Belastung durch Entladen der elektrischen Flächen sinken. Deshalb sinkt bei statischer Belastung der angezeigte Meßwert am Empfänger ständig und wird meßtechnisch nach Ablauf der etwa dreifachen Zeitkonstante T (min) zu Null.

Die Zeitkonstante T steht in Abhängigkeit vom Ohmschen Widerstand R und der Kapazität C der Quarzplatten; sie wird am besten aus den gemessenen Größen einer eingebauten Kraftmeßdose berechnet. In einem Beispiel (24) war sie in Verbindung mit dem Empfänger 10 min, so daß auch statische Belastungen kurzzeitig noch hinreichend genau gemessen werden konnten. Bei den bislang vorliegenden Anwendungen des piezoelektrischen Verfahrens in Schnittkraftmeßgeräten scheint auf die Tatsache einer möglichen Täuschung durch die Zeitkonstante noch nicht genügend Rücksicht genommen worden zu sein, so daß die Ergebnisse mit Vorsicht zu verwerten sind.

Die Trägheit der Meßmethode ist bei Verwendung eines geeigneten Empfängers außerordentlich gering. Infolge der hohen Steifigkeit des Quarzes und der kleinen vorgelagerten Massen ist somit die beobachtungsfähige Frequenz von schwingenden Belastungen sehr groß. Es können bei unmittelbar belastetem Quarz noch Frequenzen von 30···50000 Hz einwandfrei erfaßt werden (24). Nach einer derartig hohen Trägheitsfreiheit der Meßgeräte für Schnittkraft- und Leistungsmessungen an Werkzeugmaschinen lag aber bislang noch kein Bedürfnis vor; diese Eigenschaft stellt indessen auf alle Fälle einen wesentlichen Vorteil gegenüber anderen Verfahren dar.

Der piezoelektrische Effekt bei Quarz ist bis zu 300° C von Temperatureinwirkungen unabhängig; Temperaturen über 300° C durch Strahlung und Leitung auf die Kraftmeßdose treten aber bei der Zerspanung von Werkstoffen nur in Sonderfällen (Heißsägen) auf. In diesem Fall muß die Kraftmeßdose gekühlt werden, wofür aus den Untersuchungen von Verbrennungskraftmaschinen konstruktive Anordnungen bekannt sind (24).

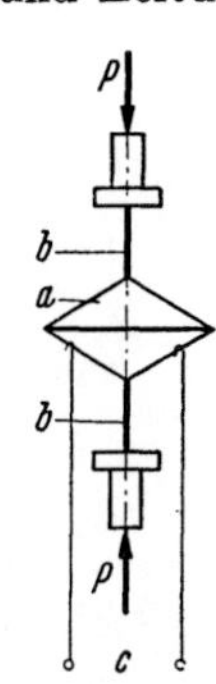

Abb. 23. Seignettekristall als Sender einer Belastung. *a* Seignettekristall (Hohldoppelpyramide); *b* Stahldraht mit Halter; *c* zum Empfänger.

Als weiterer Baustoff eines Piezokörpers kann ein Seignettekristall nach Abb. 23 verwendet werden (25). Der Kristall ist aus künstlich gezüchteten Platten aus Seignettesalz zu einer Hohldoppelpyramide zusammengekittet (Hersteller: AEG, Berlin), die eine Bruchfestigkeit von etwa 4 kg besitzt. Auf den Innen- und Außenbelägen der Pyramide sammeln sich die von der Druckbelastung erzeugten elektrischen Ladungen, die über ein Kabel zum Empfänger geleitet werden. Die vom Seignettekristall gelieferte Meßleistung ist wesentlich größer als die einer oder auch mehrerer Quarzplatten (rd. 10^{-9} W); die vergleichsweise zum Quarz heranzuziehende Leistung für den Seignettekristall wird im Schrifttum nicht angegeben.

Der Piezoeffekt von Seignettesalz ist aber nur bis 45° C (25) von der Temperatur unabhängig; der unerwünschte Einfluß durch Strahlung und Wärmeleitung ist deshalb bei Schnittkraftmeßgeräten stets zu befürchten. Die Zeitkonstante T des Kristalls erlaubt auch nur, Änderungen der zu messenden Kraft oberhalb 5···8 Hz zu beobachten. Somit können nur dynamische Kräfte gemessen werden; die Eichung muß deshalb „dynamisch" mit pulsierender Belastung erfolgen (24, 50). Die Eigenfrequenz eines Kraftmessers dürfte im Vergleich zu einem Beschleunigungsmesser (25) so hoch liegen, daß Kraftänderungen bei Schnittkraftmessungen mit einem Schleifenoszillographen noch gut aufgezeichnet werden können.

Wegen der höheren Bruchfestigkeit des Quarzes gegenüber der des Seignettekristalles wird man immer den Quarz vorziehen; auch seine Temperaturbeständigkeit ist von Vorteil. Von einer nachteiligen Unbeständigkeit des Quarzes und des Seignettekristalles durch Witterungseinflüsse ist bislang nichts bekannt geworden.

16. Das kapazitive Verfahren (37···41). Die Kapazität eines Leiters in einem elektrischen Stromkreis bietet die Möglichkeit, eine auf den Leiter wirkende Kraft zu messen. Schon die mechanische Änderung der Oberflächengröße und die dadurch erreichte Änderung der elektrischen Ladungsmenge auf dem Leiter kann ein Maß der Kraft sein; die Änderung der Ladung ist aber sehr klein, so daß eine große Verstärkung erforderlich wäre. Zweckmäßiger läßt man die Kraft auf einen Kondensator wirken, der aus zwei benachbarten Platten (Abb. 24) oder zwei ineinandergeschobenen Zylindern bestehen kann, deren Flächen sich nicht berühren. Zwischen den Oberflächen ist bei Kraftmessungen immer Luft.

Die elektrische Ladung Q eines Kondensators (Menge der Elektrizitätsteile auf den Oberflächen) ist verhältnisgleich der angelegten Spannung U:

$$Q = C U \text{ [Coulomb]}. \tag{Gl. 15}$$

$C = \text{konstante Verhältniszahl} = \text{Kapazität (Farad)}$. Die Kapazität ist abhängig von den Abmessungen des Kondensators, der wirksamen Kondensatorfläche f, dem Abstand δ der Flächen und der elektrischen Stoffeigenschaft ε (Dielektrizitätskonstante) des die Oberflächen trennenden Mediums. Somit kann die Ladung ausgedrückt werden:

$$Q = 0{,}0885\,\varepsilon\,U\,f/\delta \text{ [Coulomb]}. \tag{Gl. 16}$$

Bei konstanter Spannung U ist also die Ladung Q des Kondensators nur abhängig von der Plattenentfernung δ und der Plattengröße f. Eine Änderung der Belastung, d. h. Veränderung von δ, drückt sich danach als umgekehrt verhältnisgleiche Änderung der Kapazität aus, die gemessen wird als Änderung der Ladung Q. Diese wird zweckmäßigerweise nicht als eine statische Elektrizitätsmenge Q gewählt, sondern als die Stromstärke I eines Wechselstromes, da die Messung einer elektrostatischen Ladungsmenge nicht einfach ist.

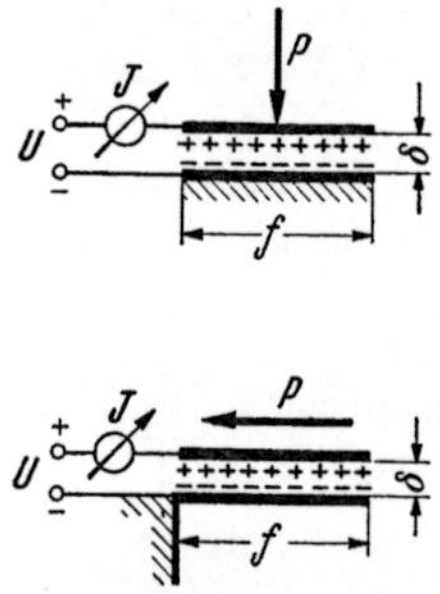

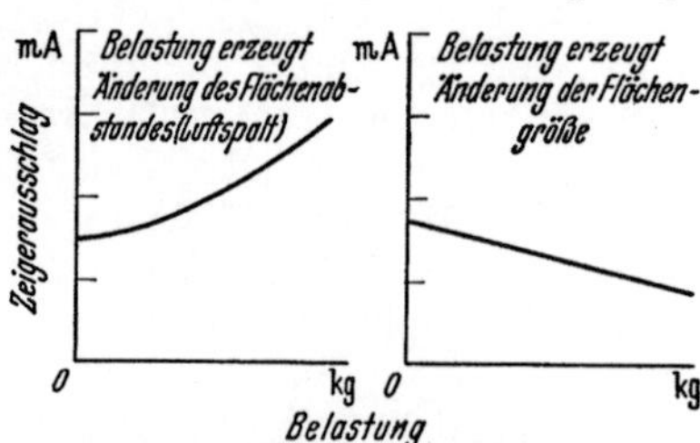

Abb. 24. Kapazitätsänderung eines Kondensators unter einer Kraftwirkung.

Bei angelegter konstanter Spannung U ist der Strom I in einem einfachen Stromkreis aus Stromquelle und Kapazität bei Beeinflussung der Plattenentfernung δ dieser umgekehrt verhältnisgleich; bei Änderung der wirksamen Plattenfläche f wird er der Änderung von f verhältnisgleich. Wir müßten im ersten Falle eine gekrümmte, im zweiten Fall eine gerade Charakteristik des kapazitiven Gebers erhalten, wie sie in der Abb. 25 als Eichkurven dargestellt sind, wenn wir als Anfangsstellung bei der Belastung die Abb. 24 wählen. Die wirklichen Eichkurven von kapazitiven Meßdosen haben dagegen ein vom elektrischen Empfänger beeinflußtes Aussehen, das durch Eichung bestimmt werden muß; durch geeignete Bemessung und Anlage des Empfängers kann jede Charakteristik erreicht werden.

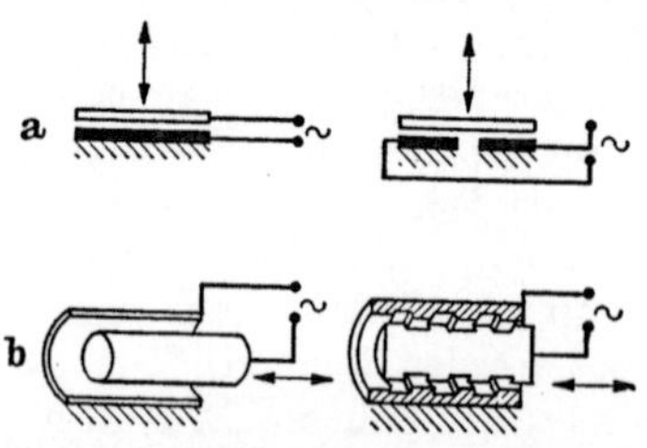

Abb. 25. Eichkurven für Kondensatoren mit Luftspalt- oder Flächenänderung nach Abb. 24 (einfacher Meßkreis).

Abb. 26. Ausbildungsformen von a) Platten- und b) Zylinderkondensatoren. (Nach O. MÜLLER: Arch. techn. Mess. V 132-17.)

Mögliche Ausführungsformen von Kondensatoren sind in Abb. 26 dargestellt, aus denen hervorgeht, daß bei Plattenkondensatoren meist die Entfernung δ und bei Zylinderkondensatoren die Größe der Fläche f geändert wird. Für Druckkraftmessungen bei kleinen Wegen wird vorteilhaft der Plattenkondensator angewandt, da seine Meßempfindlichkeit größer ist als die von Zylinderkondensatoren (41); die Empfindlichkeit der letzteren kann durch mechanisches Hintereinanderschalten mehrerer Zylinder gesteigert werden (Abb. 26b rechts).

Für Schnittkraftmessungen und Untersuchungen an Werkzeugmaschinen wurde die Kondensatorplatte wegen der hohen Empfindlichkeit und der geforderten kleinen Wegveränderungen des eingespannten Schneidwerkzeuges häufig verwendet. In Verbindung mit dem Empfänger gelingt es mit einer nur wenig gekrümmten Eichkurve zu arbeiten; es wird nämlich nur ein kleiner Bereich der Änderung der Gesamtkapazität des Gebers ausgenutzt. Die Gesamtkapazität wird zumeist mit 200 pF (Pico-Farad, $1\,\mathrm{pF} = 10^{-12}\,\mathrm{F}$) bemessen, während ihre Änderung höchstens etwa 30 pF beträgt. Die Plattenentfernung von $0{,}2\cdots0{,}3$ mm wird bei der Höchstkraft höchstens um 0,05 mm verringert. Der kleine Abstand birgt die Gefahr in sich, daß bei Überlastung des Gebers die Kondensatorplatten zum schadhaften Kurzschluß genähert werden. Ein mechanischer Überlastungsschutz ist jedoch schlecht einrichtbar, da auch dieser sich bei zu hohen Belastungen um den genannten kleinen Betrag verformen würde.

Beim Messen von Drehmomenten kann der Plattenkondensator ebenfalls als Wandler eines Federweges verwendet werden. Soll das Drehmoment in beiden Richtungen gemessen werden, dann muß infolge der Verkleinerung bzw. Vergrößerung des Plattenabstandes in beiden Drehrichtungen geeicht werden, da meist eine leicht gekrümmte Eichkurve zustande kommt. Hierin besitzt das induktive Verfahren einen Vorteil, da bei ihm eine günstigere Anordnung möglich und nur eine einfache Eichung nötig ist (Abschn. 19).

Für kleine Schnittkräfte haben sich Biegeplatten aus Stahl für Geber (Abb. 27) durchaus bewährt (GERDIENsche Meßdose, [38 bis 40]). Sie sind aus konstruktiven Gründen und wegen der Biegefestigkeit des Stahles nur für einen Meßbereich bis etwa 10 t ausführbar. Bei größeren Kräften muß die

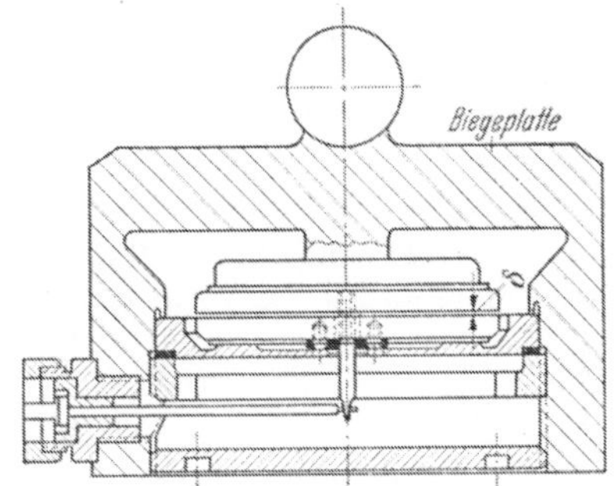

Abb. 27. Kondensatormeßdose mit Biegeplatte. (Nach O. MÜLLER: Arch. techn. Mess. V 132-16.)

höhere Druckfestigkeit des Stahles ausgenützt werden. Dann wird der Geber als Stauchzylinder (Abb. 28) ausgeführt, der seine elastische Verformung auf den Kondensator überträgt. Die anderen Teile des den Kondensator tragenden Grundkörpers werden so starr ausgebildet, daß sie nur den geringsten Anteil an der Gesamtverformung der Meßdose bilden. Nach der zulässigen Druckbeanspruchung des Werkstoffes richtet sich die Mindestabmessung der Meßdose. Bei Biegeplatten wird die Einzellast über eine Kugel, beim Stauchzylinder durch die gleichmäßige Verteilung über die sauber geschliffene obere Ringfläche auf die Meßdose aufgebracht.

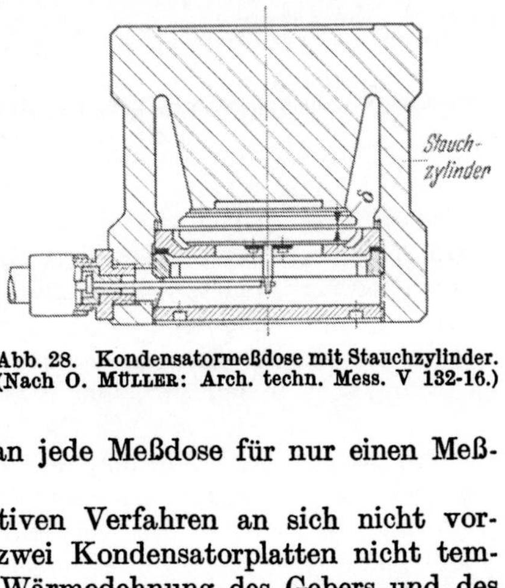

Verschiedene Meßbereiche einer Meßdose können in beiden Ausführungsarten nur durch Austausch der elastischen Geber erreicht werden. Dieser Austausch erfordert aber, wie aus Abb. 27 u. 28 zu ersehen

Abb. 28. Kondensatormeßdose mit Stauchzylinder. (Nach O. MÜLLER: Arch. techn. Mess. V 132-16.)

ist, einen erheblichen Aufwand, so daß man jede Meßdose für nur einen Meßbereich auszulegen pflegt.

Ein Temperatureinfluß ist beim kapazitiven Verfahren an sich nicht vorhanden, da das elektrische Feld zwischen zwei Kondensatorplatten nicht temperaturabhängig ist (Gl. 15). Lediglich die Wärmedehnung des Gebers und des Aufnahmegehäuses kann eine Änderung des Luftspaltes im Kondensator bewirken, wodurch eine Nullpunktverschiebung wie bei allen anderen Verfahren eintritt. Dieser infolge der kleinen Gehäuseabmessung geringe Fehler kann aber leicht durch elektrische Nullpunktkorrektur berichtigt werden.

Unter Verwendung der erforderlichen Kraftabstützung kann man mit dem kapazitiven Meßverfahren jene Frequenzhöhen beobachten, die die Kraftabstützung infolge ihrer Eigenfrequenz noch verzerrungsfrei wiederzugeben gestattet und die mit den verwendeten Empfängern noch beobachtet oder aufgezeichnet werden können. Die Eigenfrequenz der Kraftabstützung ist dabei von der Steifigkeit abhängig, die ihrerseits von den Abmessungen festgelegt wird; durch eine größere Steifigkeit können sehr hohe Eigenfrequenzen (10000 Hz) erreicht werden.

17. Das Verfahren mit festem Halbleiter (31, 32). Der Ohmsche Widerstand eines besonderen Leitungsteiles in einem Stromkreis kann durch eine mechanische Kraft beeinflußt und damit die Größe der Kraft aus der Änderung des Widerstandes bestimmt werden. Theoretisch eignen sich für solch ein Leitungsstück alle festen, elastischen Werkstoffe (auch Gase und Flüssigkeiten), die dem elektrischen Stromfluß einen nicht unendlich großen Widerstand entgegensetzen; auch geschüttete Stoffe haben einen Widerstand, der unter Belastungen verschieden ist; wir nennen solche Stoffe Halbleiter. Zweckmäßig für ein Kraftmeßverfahren sind aber nur die halbleitenden Stoffe, die eine große Änderung des Widerstandes bei Belastung erfahren.

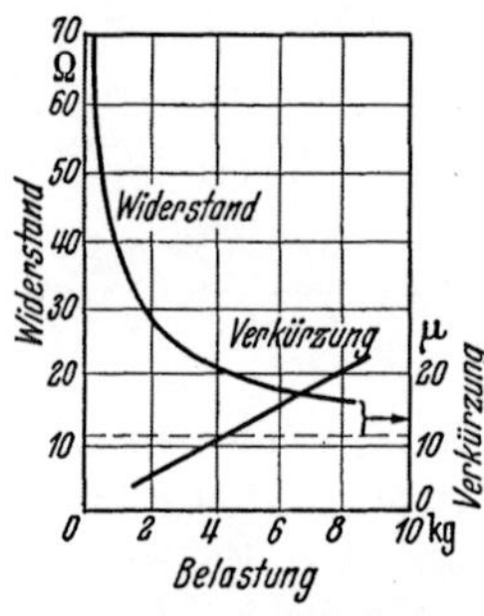

Abb. 29. Ohmscher Widerstand und Verkürzung einer belasteten Halbleitersäule. (Nach W. GLAMANN: Arch. techn. Mess. V 132-12.)

Geschüttete Kohlekörner und feste Kohleplättchen ändern ihren Widerstand bei Druck- und Zugbelastungen in weiten Grenzen. Die Schüttung der Körner wird dabei verdichtet oder aufgelockert, die molekulare Berührungsfläche der Kohleteile an den Platten vergrößert oder verkleinert. Kohleplatten zeigen eine gut wiederholbare Änderung des Widerstandes, solange die Belastung die Platten nur elastisch verformt.

Der Widerstand setzt sich zusammen aus dem unveränderlichen Ohmschen Widerstand des gleichförmigen Halbleiters und dem druckabhängigen Widerstand der Oberfläche Die Oberfläche umfaßt die äußere Hülle des Halbleiters und die „innere Oberfläche" der sich berührenden Kohleteile. Der Anteil der inneren Oberfläche ist bei Graphitplatten (reiner C) etwa 10%, bei anderen halbleitenden, gleichförmigen und Mischstoffen ist er meist größer. Ein Halbleiter mit kleinem Anteil der inneren Oberfläche ist vorteilhafter, weil dann bei der molekularen Berührung unter Druck die Wahrscheinlichkeit einer stets gleichartigen Lageveränderung der beteiligten Moleküle größer ist als bei großer Fläche; hierdurch ist eine kleinere Streuung des Meßwertes bei kleiner innerer Oberfläche zu erwarten.

Unter einer Belastung verkürzt sich die Höhe einer Halbleitersäule (mehrere geschichtete Kohleplatten) nach Abb. 29 verhältnisgleich der Belastung (31), der Widerstand sinkt mit der Belastung umgekehrt verhältnisgleich, und zwar nach einer Hyperbel. Die Eichkurve wäre demnach keine Gerade; in Verbindung mit dem Empfänger, in dem mit einer Wheatstone-Brücke gemessen wird, ist die Eichkurve jedoch nahezu eine Gerade, da die Kennlinie der Schaltung (Änderung der Stromstärke bei Änderung des Widerstandes) ebenfalls eine Hyperbel ist. Somit wird die Änderung der angezeigten Stromstärke der Änderung des Widerstandes verhältnisgleich. Bei Verwendung einer Doppelsäule nach Abb. 30 und 31 ist die Eichkurve wiederum eine Gerade; denn jede Säule liegt in einem der nebeneinander liegenden Zweige der Wheatstone-Brücke (Abb. 46 d). Die ältere Anordnung nach Abb. 30 nimmt einen größeren Raum ein als die nach

Abb. 31. Hier wird die kleine elastische Verformung des Stauchzylinders auf einen schon leicht geknickten Steg übertragen, dessen weitere Durchbiegung die Kohlesäule der einen Seite zusammendrückt und die der anderen Seite entlastet; die Stegnuten müssen hierbei übrigens sehr sorgfältig ausgeführt sein. Eine ungleichmäßige und schiefachsige Belastung kann leicht zu einem schwer kontrollierbaren Plättchenbruch führen.

Sehr erfolgreich (32) auf vielen wissenschaftlichen Gebieten war die Anordnung nach Abb. 32, bei der zwischen zwei verkupferten Halbleitern der eigentliche Druckmesser als Halbleiter (5 mm Durchmesser, 2 mm hoch) liegt. Seine Eichkurve bei statischer sowie dynamischer Belastung (31) ist nahezu eine Gerade.

Eine Reihe von Fehlereinflüssen schränken die zuverlässige Anwendung des Halbleiterverfahrens ein. Die Kohlesäule kann z. B. unbemerkt zu Bruch gehen; der Stromfluß wird dann weiter, aber nun mit falschen Werten angezeigt. Dazu kommt die mechanische Hysterese, da der elektrische Widerstand der Kohlesäule beim Belasten ein anderer als beim Entlasten ist; die Hysterese tritt sowohl bei schneller als auch bei langsamer Be- oder Entlastung auf. Bei langsamen Belastungswechseln kriecht der „Meßwert" erst schnell, dann langsamer werdend: die Kohleteilchen richten sich durch den inneren Spannungszustand der Säule ein. Die Eichung muß deshalb dynamisch erfolgen, da der Unterschied zwischen statischer und dynamischer Eichung bis 20% betragen kann. Durch starre Konstruktion des Aufnahmegehäuses und genaues Planschleifen aller Stirnflächen der Kohleplatten kann der Fehler vermindert werden. Mechanische Beanspruchungen durch Vorspannungen und Wärmedehnungen werden durch elektrische Nullpunktkorrektur berücksichtigt. Thermische Veränderungen des Widerstandes müssen durch Kühlung ausgeglichen werden; bei Schnittkraftmeßgeräten wird dies aber selten nötig sein. Dagegen ist die Widerstandsänderung der Halbleitersäule von Beschleunigungen abhängig. Die verhältnismäßig lose geschichteten Kohleteile verdichten sich unter der Wirkung ihrer Beschleunigungskräfte, so daß die wirksame Oberflächengröße unterschiedlich ist. Beim Einbau in rotierende Schnittkraftmeßgeräte muß deshalb dynamisch geeicht werden (50).

Die Eigenfrequenz einer aus zwei Plättchen bestehenden Halbleitersäule ist mit 60000 Hz sehr hoch; sie wird verringert durch die des Aufnahmegehäuses, die wesentlich kleiner ist. Das geschlossene Meßgerät kann jedoch noch mit

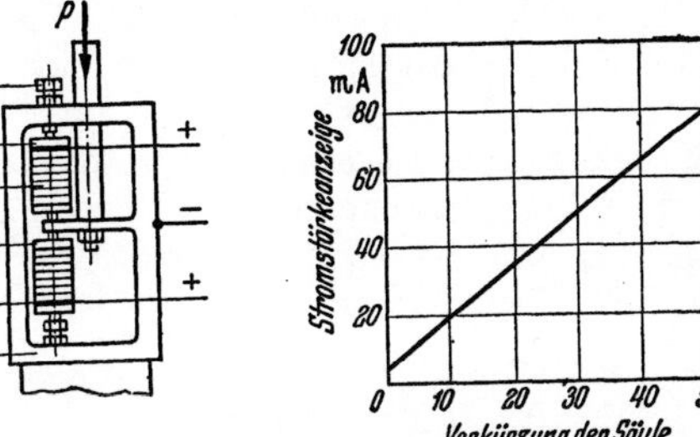

Abb. 30. Anordnung und Eichkurve einer Halbleiter-Doppelsäule. (Nach W. Glaman: Arch. techn. Mess. V 132-12.)
a kugelendige Druckschraube; *b* Stahlplatten gegen *d* isoliert durch Glimmer; *d* Messingkontaktscheiben; *e* Kohleplatten; *f* Einspannrahmen.

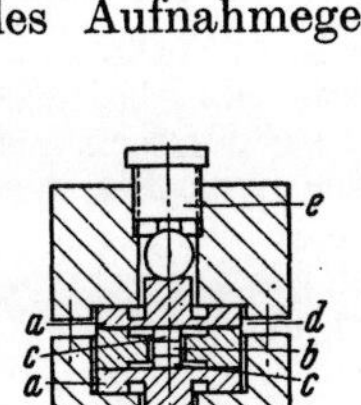

Abb. 31. Doppelkohlensäule nach DRGM. 1493124.
a Stauchzylinder; *b* Geber; *c* Halbleiter.

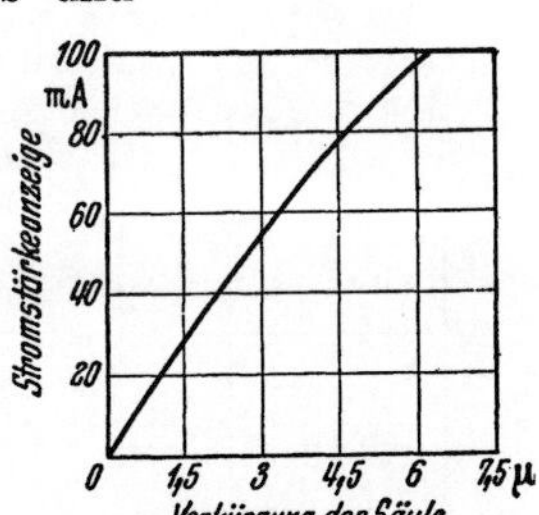

Abb. 32. Halbleiteranordnung und Eichkurve nach System Deutz. (Hersteller: Fa. Dr.-Ing. H. Rumpff, Bonn.)
a Membranen; *b* Halbleiter; *c* verkupferter Halbleiter; *d* Glimmerplatte (0,01 mm stark); *e* Vorspannschraube.

einer Eigenfrequenz von 20000 Hz ausgeführt werden, die aber bislang bei Untersuchungen von Werkzeugmaschinen nicht erforderlich ist. Die Fehlanzeige mit $1 \cdots 3\%$ (31) ist bei Anwendung einer überlegten Sorgfalt während der Herstellung und im Gebrauch hinreichend genau; die Anzeigen sind bei schnellen Lastwechseln ausreichend beständig (32).

18. Das Verfahren mit flüssigem Halbleiter (33 $\cdots$ 36). Die elektrische Leitfähigkeit von Flüssigkeiten beruht auf der chemischen Zersetzung (Elektrolyse = Wanderung von Ionen) der von einem Wechsel- oder Gleichstrom durchflossenen Flüssigkeit. Sie ist abhängig vom spezifischen Widerstand ϱ (ϱ = Widerstand einer Flüssigkeitsschicht von 1 cm Länge und 1 cm² Querschnitt), dem Querschnitt q und der Länge l einer Flüssigkeitsschicht. Mit diesen Größen beträgt der Gesamtwiderstand

$$R = \frac{\varrho\, l}{q}\,[\Omega]. \tag{Gl. 17}$$

Dieser Widerstand wird durch die zu messende Kraft geändert; dabei ist es am besten, den Querschnitt q zu beeinflussen; seine Abnahme hat eine größere Widerstandsänderung zur Folge als die der Flüssigkeitslänge bei einem gleichen Meßweg der Kraft. In der nach Abb. 33 dargestellten Meßdose von A. WALLICHS und H. OPITZ (33, 34)[1] wird von einem Grundkörper aus Isolierstoff (Novotext) ein Flüssigkeitsraum gebildet und nach oben durch eine nichtleitende Gummiplatte abgeschlossen. Die Annäherung der Platte gegen den Mittelsteg unter der Kraft verringert die Höhe des Querschnittes, so daß der zwischen den Elektroden fließende Strom einen größeren Widerstand findet. Die Meßdose wird mit geringem Überdruck gefüllt, wodurch sich die Gummiplatte außerhalb des Meßquerschnittes aufwölbt. In der Aufwölbung können sich Luftreste sammeln, die sonst beim Auftreten innerhalb des Meßquerschnittes das Meßergebnis stören.

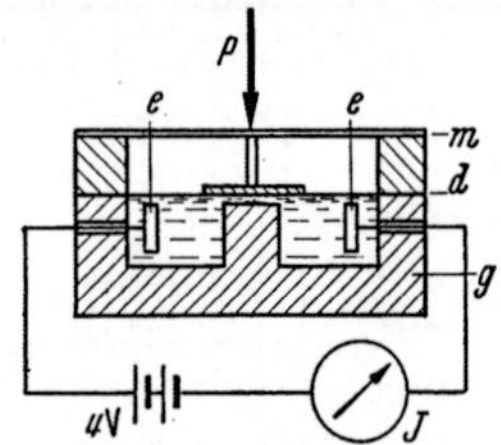

Abb. 33. Grundsätzlicher Aufbau des Halbleiter-Flüssigkeitsverfahrens nach A. WALLICHS und H. OPITZ. *d* Dichtung; *e* Elektroden, *g* Grundkörper; *m* Geber.

Als Flüssigkeit wurde nach A. WALLICHS und H. OPITZ Bleinitrat verwendet; die Elektroden mußten aus Silber sein. Die Abdichtung am Deckel und an den Durchführungsstellen der elektrischen Anschlüsse bereiteten vielerlei und noch größere Schwierigkeiten, als sie von den hydraulischen und pneumatischen Kraftmeßdosen bekannt sind. Aber auch die Temperatur und die Konzentration der Flüssigkeit haben einen erheblichen Einfluß auf die Meßgenauigkeit. Für Bleinitrat sind Werte für die Abhängigkeit von diesen Einflußgrößen nicht bekannt; sie lassen sich aber mit denen von Kaliumnitrat vergleichen. Für diese Flüssigkeit zeigt Abb. 34 u. 35 die Einflüsse, wobei nicht der spezifische Widerstand, sondern dessen Kehrwert, das Leitvermögen in Abhängigkeit von der Temperatur bzw. Konzentration aufgetragen ist.

Temperaturunterschiede in den in Abb. 34 angeführten Bereichen von $10 \cdots 30^{\circ}$ C treten ohne weiteres in der Werkstatt auf, so daß das bei 20° C als Bezugstemperatur festgestellte Leitvermögen von 65 bis 150 % schwankt; eine laufende Kontrolle des Temperatureinflusses ist deshalb notwendig. Zwar wären Temperatur-Kompensationsschal-

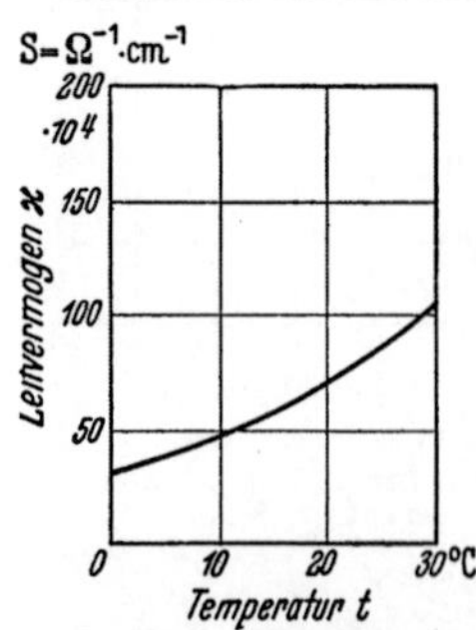

Abb. 34. Leitvermögen von Kaliumnitrat in Abhängigkeit von der Temperatur des Elektrolyten (0,1-n-Lösung). (Nach GRIMSEHL-TOMASCHEK: Lehrbuch der Physik.)

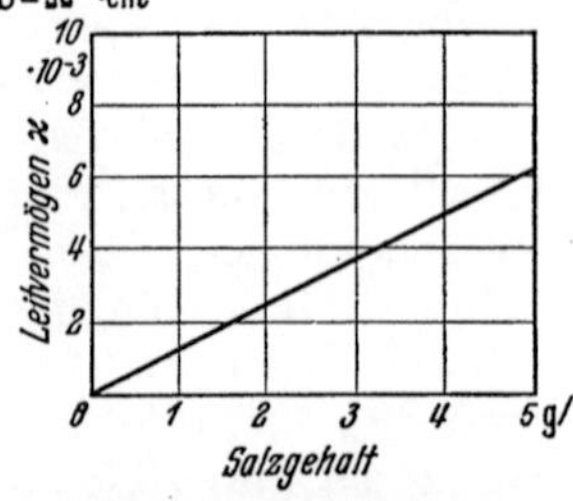

Abb. 35. Leitvermögen von Kaliumnitrat in Abhängigkeit von der Konzentration des Elektrolyten (18° C). (Nach O. DOBENECKER: Arch. techn. Mess. V 3514-3.)

---

[1] DRP. 584022.

tungen möglich (35, 36), wie sie bei ähnlichen Leitfähigkeitsmessungen angewendet werden; sie bringen aber neben dem größeren Aufwand im Empfänger eine räumliche Vergrößerung der Meßdose, die bei Schnittkraftmeßgeräten nicht erwünscht ist. Einflüsse der Konzentration (Abb. 35) des Elektrolyten in ähnlichen Prozentzahlen müssen beim Auftreten einer unerwünschten Elektrolyse sowie dann beobachtet werden, wenn sich durch längeres erschütterungsloses Stehen der Meßdose verschiedene Konzentrationsschichten abgesetzt haben; diese können nur durch umständliches Schütteln wieder beseitigt werden.

Durch die Flüssigkeitsbewegung unter Belastung kann das Verfahren nur bis etwa 200 Hz richtig ansprechen und somit als trägheitsschwach bezeichnet werden. Bei höheren Frequenzen muß befürchtet werden, daß der kleine Querschnitt als Kapillare wirkt. Die Adhäsion zwischen Gummidichtung und Flüssigkeit schwindet, so daß falsch gemessen wird. Das Verfahren mit flüssigen Halbleitern zeigt also eine Reihe von in der Wirkungsweise begründeten nachteiligen Erscheinungen, die eine werkstattmäßige Verwendung nur wenig empfehlen.

19. Das induktive Verfahren (42···46). G. KEINATH (42) hat zahlreiche Anordnungen nach dem induktiven Verfahren in ihrem Aufbau und in ihrer Wirkungs-

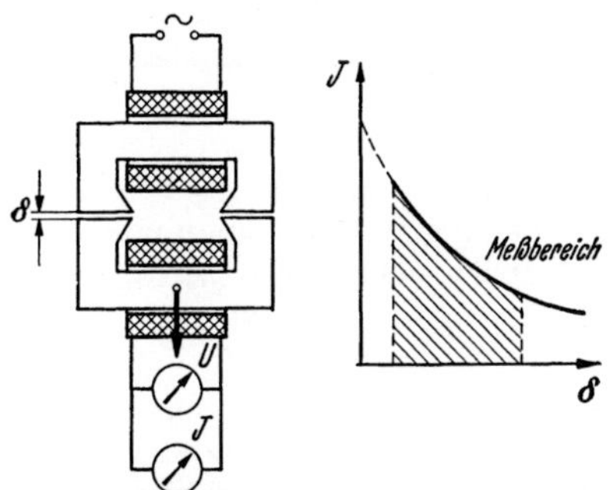

Abb. 36. Änderung der Gegeninduktivität einer Drossel.
J induzierter Strom; U induzierte Spannung; δ Luftspalt.

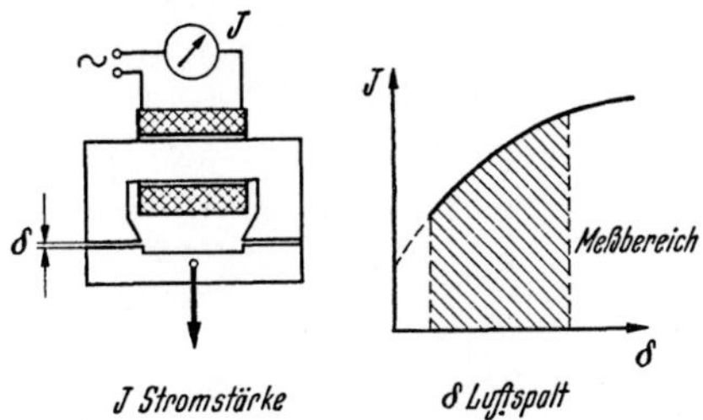

Abb. 37. Änderung der Induktivität einer Drossel.
J Stromstärke; δ Luftspalt.

weise angeführt und beurteilt, von denen sich jedoch bei Schnittkraftmeßgeräten keine durchgesetzt hat. Bei Schnittkraftmessern müßten für Wandler und Empfänger eigene Anordnungen entwickelt werden. Fast ausschließlich werden Spulen nach Abb. 36 und 37 angewendet, bei denen der Strom I in der dargestellten Weise bei konstanter Wechselspannung U in Abhängigkeit vom Luftspalt δ gemessen werden kann; man kann ihn auch mit Hilfe der Transformatorengleichungen berechnen. Der Luftspalt wird durch mechanisches Belasten der Spulen- oder Eisenschlußstückabstützung entweder an einer Sekundärspule oder an einer einfachen Drossel mit Eisenschlußstück geändert. Die Luftspaltänderung wird für den größten Meßbereich und eine ausreichende Meßwertanzeige meist zwischen 0,1 und 0,2 mm gehalten.

Die Eigenfrequenz bei dem mit Selbstinduktion arbeitenden Verfahren ist etwas größer als beim Verfahren mit Primär- und Sekundärspule. Zudem besitzt man für die Unterbringung von zwei Trafospulen im mechanischen Teil vieler Schnittkraftmeßgeräte nicht den ausreichenden Platz. In beiden Hinsichten ist das Verfahren mit Benutzung der Selbstinduktion also vorteilhaft. Die Eigenfrequenz der mit Induktionsmeßdose ausgestatteten Schnittkraftmesser hängt vom mechanischen Teil der Anordnung und von der Bauart des Empfängers ab. Frequenzen bis 500 Hz sind mit den bisherigen Ausführungen einwandfrei meßbar.

Bei den älteren Meßdosen nach dem induktiven Verfahren ließ man die zu messende Kraft eine Verkleinerung des Luftspaltes bewirken. Erst H. SCHALL-

BROCH und H. SCHAUMANN (12, 43···46) erkannten den günstigen Einfluß einer Luftspaltvergrößerung unter zunehmender mechanischer Belastung auf den Empfindlichkeitsverlauf der Meßweise. Als Empfindlichkeit der Anzeige gilt dabei das Verhältnis einer Meßwertänderung zur entsprechenden Luftspaltänderung. Dieses ist bei dem in Abb. 36 und 37 gezeigten Verlauf der Kurven bei kleiner Luftspaltgröße günstiger als bei großer, d. h. aber auch, da die Luftspaltänderungen den aufgebrachten mechanischen Belastungen verhältnisgleich sind: die Empfindlichkeit der Meßweise ist im Bereich der kleinen mechanischen Belastung günstiger als bei großer Belastung. Somit ist die Anfangsempfindlichkeit der Meßweise mit zunehmendem Luftspalt größer als die Endempfindlichkeit und auch größer als die mittlere Empfindlichkeit über den vorgesehenen ganzen Meßbereich. Es können deshalb günstigerweise bei kleinen Belastungen bereits gut unterscheidbare Meßwerte bestimmt werden. Dieser für die Durchführung einer Kraftmessung maßgebliche Vorteil wurde bewußt zum erstenmal bei dem mit Selbstinduktion arbeitenden Schnittkraftmesser nach H. SCHALLBROCH und H. SCHAUMANN (Abschn. 37) angewendet. Die Eichkurven des größten Meßbereiches (Abb. 70) zu dem eingebauten Geber nach Abb. 37 und dem verwendeten Empfänger haben den gleichen wie in Abb. 37 gezeigten charakteristischen Verlauf; für diesen Bereich hat also die Luftspaltvergrößerung den Vorteil der erhöhten Anfangsempfindlichkeit. Dazu ist die Drossel bei mechanischer Überlastung gegen Beschädigung sicher geschützt, da der Luftspalt nie geschlossen werden kann; die elektrischen Anzeigen sind daher bei allen Belastungsgrößen zuverlässig und eindeutig.

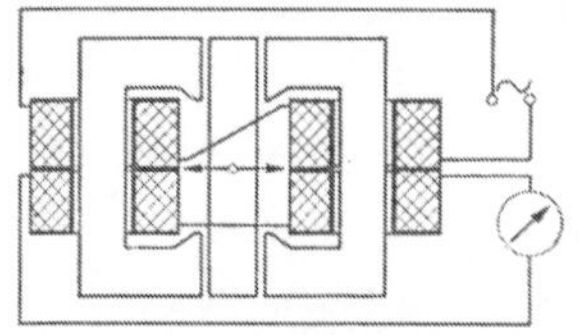

Abb. 38. Doppeldrossel mit Änderung der Gegeninduktivität.

Weitere mögliche induktive Anordnungen von Drosseln, z. B. einer Doppeldrossel mit in der Mitte liegendem Schlußstück (Abb. 38), haben für Schnittkraftmeßgeräte mit einseitiger Kraftrichtung keine Bedeutung. Bei dieser Doppeldrossel wird das Eisenschlußstück unter der Kraft der einen Drossel genähert und von der anderen entfernt, um die Summe der elektrischen Wirkungen zu vergrößern. Die Ausführung wird im Vergleich zur einfachen Drossel größer, so daß der an sich vorhandene meßtechnische Vorteil wieder aufgehoben wird. Werden jedoch Drehmomente gemessen, die abwechselnd in entgegengesetzten Richtungen wirken, dann ist eine Doppeldrossel von Vorteil. Die Windungen der gegeninduktiv oder induktiv verwendeten Drosseln müssen dann so geschaltet sein, daß bei einer gleich großen Verschiebung des Schlußstückes nach beiden Seiten der gleiche Meßausschlag, wenn auch nach verschiedenen Anzeigerichtungen, eintritt. Dadurch ist die Meßempfindlichkeit der Anordnungen nach beiden Belastungsrichtungen über den ganzen Bereich gleichartig, so daß die Eichung nur nach einer Richtung vorgenommen werden muß.

20. Das magnetoelastische Verfahren (28···30) verwendet eine mit Wechselstrom betriebene Spule mit magnetoelastischem Kern. Der elektrische Widerstand dieser Spule ist ausdrückbar durch das Verhältnis der angelegten Wechselspannung zur Stromstärke. Dies ist von den magnetischen Eigenschaften des Kernwerkstoffes abhängig, die durch seine Magnetisierungskurve gekennzeichnet werden.

Magnetoelastische Werkstoffe zeigen bei verschiedenem mechanischem Spannungszustand durch Zug- oder Druckkräfte eine unterschiedliche Magnetisierungskurve (Neukurve). Für einen aus Permalloy C (78,5 % Ni, Rest Fe, C und andere Legierungsbestandteile) bestehenden Kern in einer Spule zeigt Abb. 39 die Magnetisierungskurve (magnetische Induktion bei zunehmender EMK) ohne und mit Druckbelastung des Kernes; mit zunehmender Belastung liegen die Neukurven tiefer. Höhe und Verlauf der Neukurve beeinflussen in entsprechender Weise die Hysteresisschleife des Werkstoffes. Diese nimmt während einer ganzen Periode des elektrischen Wechselfeldes je nach dem mechanischen Spannungszustand des Permalloykernes eine verschiedenartige Gestalt an. Infolge des sich hierdurch ändernden magnetischen Kraftfeldes wird die Selbstinduktion geändert und meßtechnisch als Stromstärke zur Anzeige der mechanischen Spannung bzw. Kraft ausgenützt.

Der grundsätzliche Aufbau eines Kraftmessers ist in Abb. 40 dargestellt; es können Zug-, Druck- und Torsionskräfte gemessen werden. Eichkurven für ausgeführte Meßdosen (28) zeigt Abb. 41, in der wir auch die bereits mehrfach erwähnte (S. 11) mechanische Hysterese erkennen. Infolge der Grenzen der Herstellgenauigkeiten und der unterschiedlichen Berührungsverhältnisse zwischen Kern und Jochen bei verschiedenen Belastungszuständen ist dort der magnetische Kraftfluß nicht gleichförmig wiederholbar. Besser ist die luftspaltlose Ausführung nach Abb. 42, bei der aber die Spulenwicklung eingefädelt werden muß. Für die fabrikmäßige Herstellung hat sich die Ringdose nach Abb. 43 bewährt (29), wenn Druckkräfte gemessen werden sollen. Die satte Anlage des Deckels wird durch Schleifen erreicht, während der Luftspalt durch Verschweißen des Deckels mit dem Gehäuse nicht mehr so stark veränderlich ist wie in Abb. 40. Die

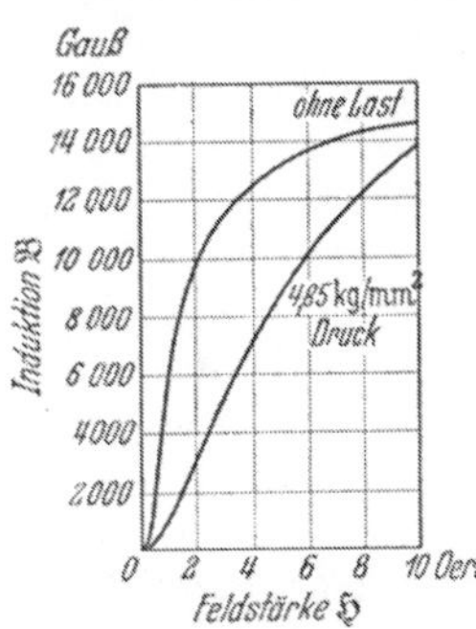

Abb. 39. Magnetisierungskurve (Neukurve) von Permalloy. (Nach GMELIN: Handbuch der anorganischen Chemie.)

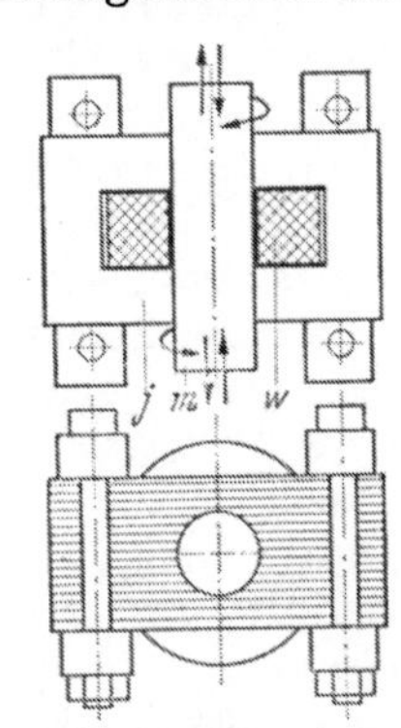

Abb. 40. Aufbau eines magnetoelastischen Zug-, Druck- und Torsionsmessers.
_j_ Joch; _m_ Meßkörper; _w_ Wicklung.

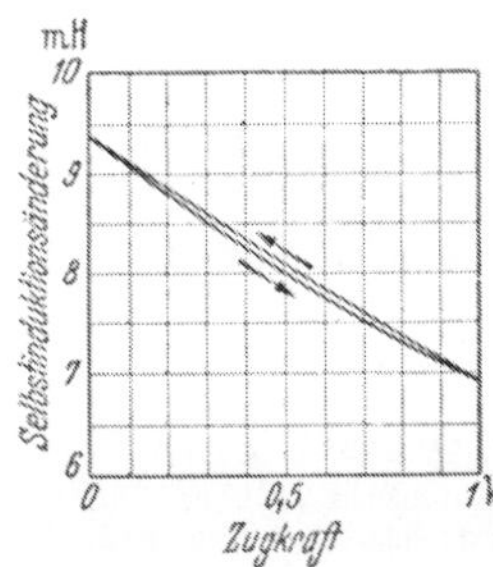
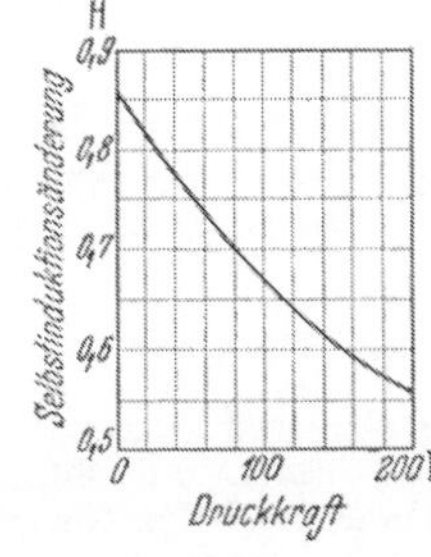

Abb. 41. Eichkurven für einen magnetoelastischen Zug- und einen Druckmesser. (Nach W. JANOVSKY: Arch. techn. Mess. V 132-6.)

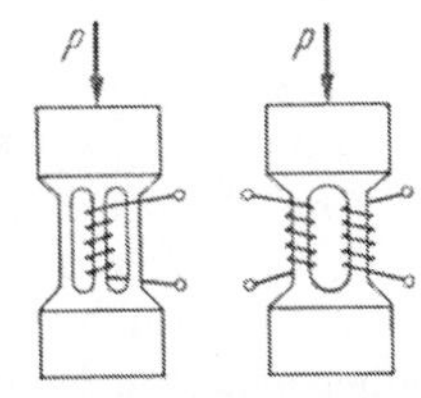

Abb. 42. Luftspaltlose magnetoelastische Druckmeßdose.

mechanische Hysterese bleibt durch diese Maßnahme unter 1% der höchsten Belastung.

Der magnetoelastische Effekt ist bei kleinen wechselnden Druckspannungen des Kernwerkstoffes beständig (30). Die höchste Druckspannung darf etwa $6 \cdots 8$ kg/mm² für Permalloy C betragen, womit die Mindestabmessung der Meßdose festgelegt ist. Kleine Temperaturschwankungen der Spule müssen jedoch durch einen Widerstand kompensiert werden, während größere Temperaturdifferenzen bereits bei der Eichung zu berücksichtigen sind. Der Nullpunkt ändert sich um $2 \cdots 3\%$ bei 10% Schwankung der Betriebsspannung, so daß ein Spannungsgleichhalter vorgesehen werden muß. Dagegen ist eine Kompensierung einer Frequenzschwankung des Wechsel-

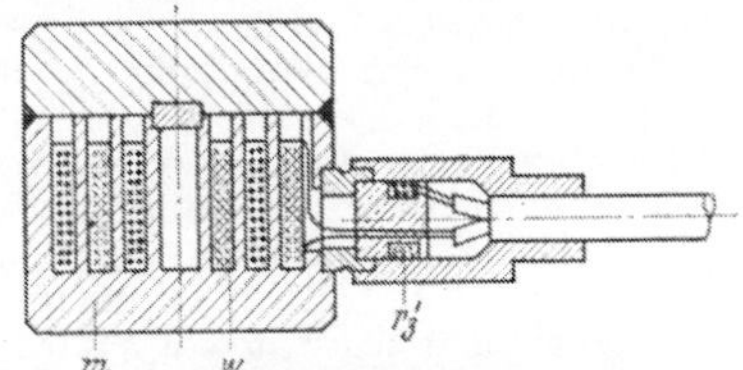

Abb. 43. Ringdose für magnetoelastische Druckmessung. (Nach L. MERZ u. H. SCHARWÄCHTER: Arch. techn. Mess. V 132-15.) _m_ Meßkörper; _w_ Wicklung; $r_3{'}$ Temperaturkompensationswiderstand.

stromes auf einfachem Wege nicht möglich. Die Änderung der Frequenz wirkt sich in ihrem vollen Werte aus: 10% Fehlanzeige bei 10% Frequenzänderung. Der meßbaren Frequenz von Belastungswechseln ist von der Seite des Kernwerkstoffes keine Grenze gesetzt. Der Werkstoff und die Gestaltung des Spulenkernes folgen allen Schwingungen verzögerungsfrei und ohne Verzerrung. Die Eigenfrequenz beträgt je nach Größe des Meßkörpers bis zu 20000 Hz. Es muß nur der Empfänger so gewählt werden, daß er eine geeignete Wiedergabe aller Kraftänderungen gewährleistet.

21. Die Empfänger der elektrischen Verfahren sind so vielgestaltiger Art und und Ausführung, daß wir uns hier nur auf das Wesentliche des Aufbaues und der Arbeitsweise beschränken wollen, soweit dies bei der Auswahl und dem Gebrauch eines geeigneten Empfängers von Bedeutung ist. Wir wollen dabei unterscheiden zwischen den Einrichtungen des Empfängers, die den elektrischen Betrieb der Verfahren ermöglichen, und den Meßgeräten zur Sichtbarmachung der Meßgröße.

22. Schaltungsaufbau und Arbeitsweise der elektrischen Empfänger. a) Von allen genannten Verfahren nimmt der Empfänger des piezoelektrischen Verfahrens im Hinblick auf eine gemeinsame Betrachtung eine Sonderstellung ein, da hier eine elektrostatische Ladungsmenge gemessen werden muß. Sämtliche anderen Verfahren arbeiten dagegen mit einem Trägerstrom, der durch die zu messende Kraft in seiner Stärke bzw. Spannung im Wandler beeinflußt wird; bei ihnen muß also eine Stromstärke bzw. Spannung gemessen werden.

Weder bei Quarz noch bei Seignettekristall reichen die durch Druck hervorgerufenen Ladungsenergien aus, um werkstattübliche, anzeigende Feinmeßinstrumente voll auszusteuern. Zur einfachen Sichtbarmachung der Ladungsmenge sind hochempfindliche, laboratoriumsmäßige Meßgeräte nötig. Für werkstattmäßige Schnittkraftmessungen muß daher eine Verstärkung eingerichtet werden. Voraussetzung jeder einwandfreien Messung ist ferner die sichere Abschirmung aller die statische Ladungsmenge führenden und aufnehmenden Teile der Meßgeräte gegen Ladungsverluste. Dafür gibt es aber heute ausreichende Isoliermittel, z. B. Bernstein und geschützte Kabel.

Laboratoriumsmäßig kann die statische Elektrizitätsmenge des Quarzes mit einem ballistischen Galvanometer gemessen werden. Es besteht aus einer Drehspule mit Zeiger, die leicht beweglich zwischen den Polen eines permanenten Magneten gelagert ist. Die Ladungsmenge auf dem Quarz als Kondensator erteilt nach dem Schließen eines Schalters zwischen Quarzdose und Meßgerät bei ihrem Fluß zu den Stellen geringeren Potentials im Galvanometer dessen drehbarem System einen kurzen Stromimpuls. Dieser ergibt bei genügender Kürze einen der Ladung verhältnisgleichen Ausschlag; danach pendelt das Anzeigewerk je nach angebrachter Dämpfung verschieden lang aus. Bei der Messung wird also immer eine bestimmte Ladungsmenge und nicht ihre Änderung festgestellt. Es werden somit nur einmalige Kraftäußerungen am Quarz gemessen. Etwas besser geeignet ist ein Saitenelektrometer, dessen Ausführungsform ganz verschieden sein kann. Es ist z. B. zwischen zwei Platten eine Metallsaite (Platindraht $1 \cdots 2\,\mu$ stark bzw. versilberter Quarzfaden) nachgiebig gespannt. Die beiden Platten liegen an einer Hilfsspannung (Gleichspannung), wodurch zwischen ihnen ein elektrisches Feld entsteht. Wird nun der Faden von der zu messenden Ladung aufgeladen, so wird er von der einen Platte angezogen, von der anderen abgestoßen; die Auslenkung ist verhältnisgleich der Ladung und wird mikroskopisch beobachtet oder auf eine Skala projiziert. Die Eigenfrequenz beider Instrumente ermöglicht jedoch nur die Messung kleiner Frequenzen von $1 \cdots 10$ Hz, so daß die Geräte für eine Schnittkraftmessung nicht genügen. Ferner ist ihre Auslenkung infolge der geringen Ladungsenergie sehr stark von außen störungsanfällig. Die Geräte werden auch dadurch für Leistungsmessungen an Werkzeugmaschinen unbrauchbar.

Für eine **werkstattmäßig** geeignete Verstärkung der Ladungsmenge kann ein Gleichstrom-Röhrenvoltmeter mit kapazitivem, hochisoliertem Eingang herangezogen werden, das sich schon in vielen Fällen bewährt hat (23). In ihm werden

die Verstärkungseigenschaften von Elektronenröhren verwertet, so daß die Ladungs-
änderungen des Quarzes mit anzeigenden oder aufzeichnenden Instrumenten
gemessen werden können.

Eine eingehende Beschreibung und Erörterung der Arbeitsweise des Empfängers setzt
eine Erklärung der Wirkungsweise von Elektronenröhren und zahlreicher elektrotechnischer
Einrichtungen voraus; im Rahmen dieses Buches soll jedoch lediglich die Anzeige des Meßwertes am Ausgang des Empfängers angeführt werden.

Die beim Meßvorgang sich ändernde elektrostatische Ladungsmenge beeinflußt
die Anodenstromstärke am Ausgang des Gleichstromverstärkers, so daß am Anzeigeinstrument oder mit einem Schleifenoszillographen die Stromstärke und
ihre Änderung abgelesen oder aufgezeichnet werden können. J. KLUGE und
H. E. LINCKH (23) stellten Eichkurven ihrer Meßanordnung nach Abb. 44 fest,
wobei sich mit einem Drehkondensator verschiedene Meßbereiche einrichten

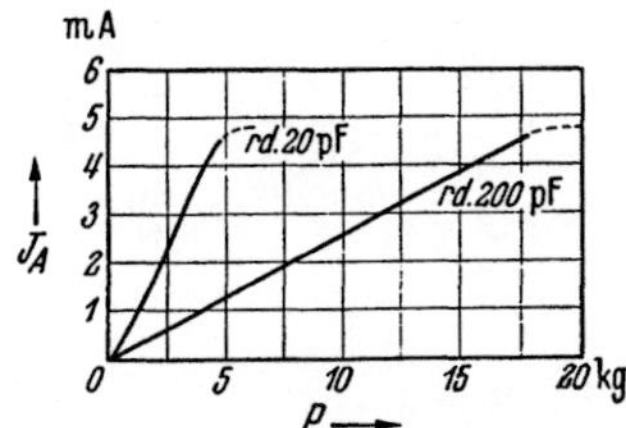

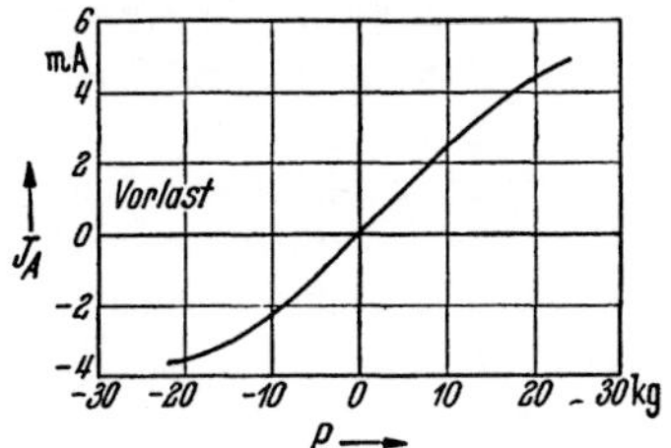

Abb. 44. Eichkurven bei verschiedenen
Kapazitäten einer piezoelektrischen Meß-
einrichtung. (Nach J. KLUGE und
H. E. LINCKH.)

Abb. 45. Eichkurve bei Vorladung.
(Nach J. KLUGE und H. E. LINCKH.)

ließen. Die größte Empfindlichkeit ihrer Anzeige konnte auf etwa 2 mA/kg Belastung eingerichtet werden. Durch elektrisches Vorladen der Quarzdose lassen
sich deren mechanische Vorspannungen kompensieren; dann hatten J. KLUGE
und H. E. LINCKH eine Eichkurve nach Abb. 45 festgestellt. In dieser ist aber
noch nicht die höchste Empfindlichkeitsstufe eingestellt. In allen Fällen werden
gut unterscheidbare Meßwerte abgelesen.

Wie schon angedeutet, müssen die Quarzmeßkammer, die Kabel und auch
das Röhrenvoltmeter vor Beeinflussung durch äußere elektrische oder magnetische
Felder ausreichend geschützt sein, was aber heute durch Verwendung kapazitäts-
armer und geschirmter Kabel erreicht werden kann. Zum Schutz sind die Röhren
in einem Blechkasten untergebracht, der durch Erdung gegen Fremdaufladung zu
schützen ist. Nach Abschirmung gegen elektrische und magnetische Felder kann
der Empfänger in einer ausreichenden Entfernung vom Geber aufgestellt werden,
so daß eine gute Bewegungsfreiheit am Arbeitsplatz gewährleistet ist.

b) Die Empfänger der weiteren hier behandelten elektrischen Verfahren zeigen
die Änderung eines kapazitiven, Ohmschen oder induktiven Widerstandes an.
Der Trägerstrom muß bzw. kann bei einzelnen Verfahren Gleichstrom, bei anderen
Wechselstrom sein, wobei die angelegte Eingangsspannung konstant ist. Die Meßanzeige am Ausgang der Empfänger ist eine Stromstärke bzw. deren Änderung
und kann durch Anwendung einfacher Meßschaltungen, Brückenschaltungen,
Resonanzschaltungen (nur beim kapazitiven bzw. induktiven Verfahren) oder
durch Kompensationsschaltungen, die die Differenz von Spannungsabfällen
bzw. Stromstärken zweier Stromkreise bilden, zustande kommen.

Bei den einfachen Meßschaltungen, wie sie in Abb. 24, 33, 36 und 37 angedeutet
sind, ist man in hohem Maße von der Spannung und bei den Verfahren mit Wechselstrombetrieb auch von der Trägerfrequenz abhängig. Genauere Ergebnisse liefern

die Brückenschaltungen. Diese sind so aufgebaut, daß man den durch die Kraft veränderbaren kapazitiven, Ohmschen bzw. induktiven Widerstand mit einem unveränderlichen, in der Ausgangsstellung gleich großen Widerstand in der bekannten Wheatstone-Brückenanordnung vergleicht (Abb. 46a···e). Durch die

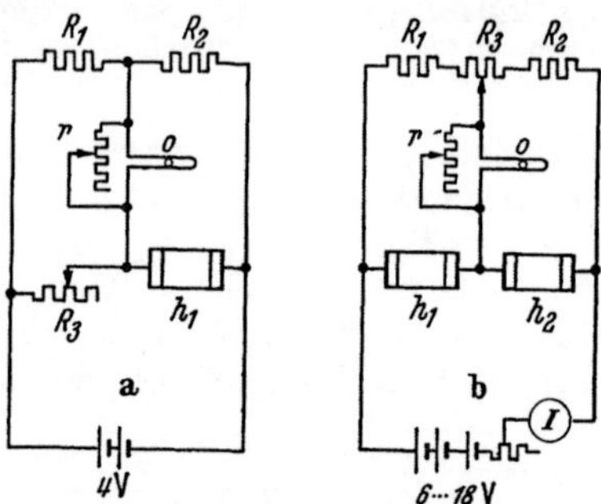

Änderung des Meßdosenwiderstandes werden die Brückenzweige verstimmt, so daß eine Stromstärke I in der Diagonalen infolge des verschiedenen Spannungsabfalles in den Brückenzweigen gemessen werden kann. Auch diese Schaltungen sind noch spannungs- und frequenzabhängig, so daß für die einzelnen Verfahren Vorsichtsmaßnahmen (z. B. Spannungsgleichhalter u. a.) notwendig sind. Ebenso müssen Einrichtungen (kapazitive, Ohmsche und induktive Widerstände, Transformatoren, Phasenschieber u. a.)

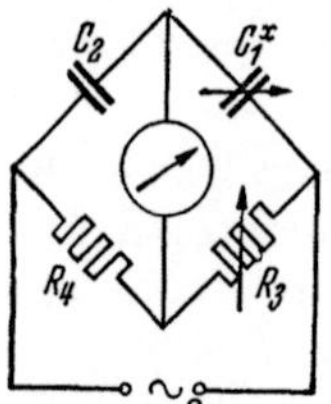

$$C_1^x = C_2 \cdot \frac{R_3}{R_4}$$

Abb. 46a. Brückenschaltung für Vergleich von Kapazitäten.

Abb. 46b. Brückenschaltung für Halbleiterverfahren (a: für Einfach-, b: für Doppelsäule). (Nach W. GLAMANN: Arch. techn. Mess. V 132-12.) $h_1\, h_2$ Halbleitersäule; o Schleifenoszillograph; $R_1\, R_2\, R_3$ Widerstände; R Empfindlichkeitsregler.

vorgesehen werden, um verschiedene Empfindlichkeitsbereiche der Anzeige einstellen zu können, elektrolytische Wirkungen zu unterdrücken, Temperaturkompensationen zu erreichen, störende Oberwellen des Trägerwechselstromes aus-

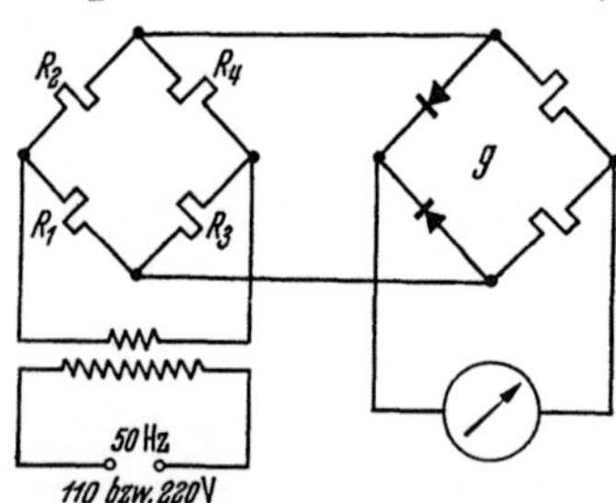

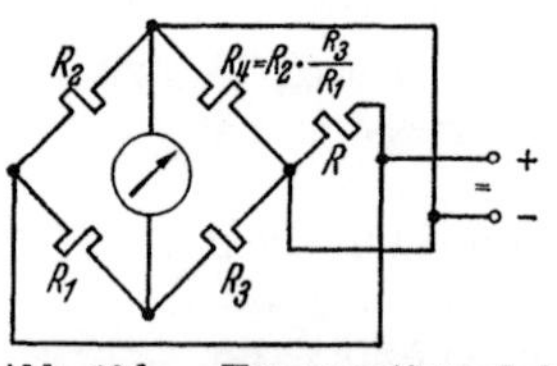

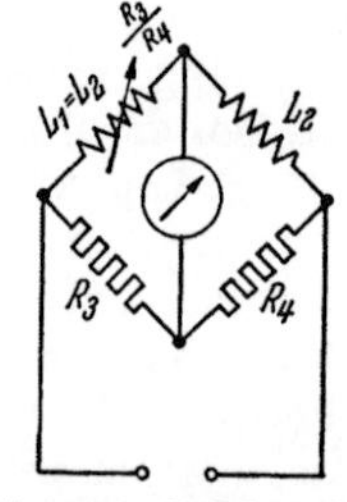

Abb. 46c. Brückenschaltung für Wechselstrombetrieb des Halbleiterverfahrens. $R_1 R_2 R_3$ Brückenwiderstände; R_4 Halbleitermeßdose; g Gleichrichterbrücke.

Abb. 46d. Kompensationsschaltung für Gleichstrombetrieb des Halbleiterverfahrens. (Nach A. WALLICHS u. H. OPITZ.) $R_1 R_2 R_3$ Brückenwiderstände; R_4 Halbleitermeßdose; R Kompensationswiderstand.

Abb. 46e. Brückenschaltung für Vergleich von Induktivitäten.

zusieben oder durch ähnliche elektrotechnisch-meßtechnische Kunstgriffe einen einwandfreien elektrischen Betrieb zu sichern. Bei einigen Verfahren und für hohe Frequenzen ist sehr häufig auch noch eine Verstärkung des zu messenden Stromes erforderlich, die über Elektronenröhren erreicht werden kann. Hinzu kommt bei Wechselstrom·meist eine Gleichrichteranlage (Gleichrichterbrücke verschiedener Art und Ausführung), um den zweckmäßigeren Gleichstrom im Anzeigegerät zu verwerten.

Die Trägerfrequenz bei Wechselstrombetrieb der Brücken ist je nach Aufgabenstellung bei Entnahme aus dem üblichen Werkstattnetz 50 Hz, bei höheren Frequenzen meist 5000 bzw. 50000 Hz, um auch schnellere Vorgänge unverzerrt beobachten zu können. Für die hohen Frequenzen muß der Empfänger dann mit einer Einrichtung (Röhrensummer) ausgestattet sein, der diese Trägerfrequenz liefert. Bei Gleichstrombetrieb folgen die Strom- und Spannungsänderungen praktisch allen Vorgängen bei Kraftänderungen, so daß die beobachtungsfähige Frequenz nur von der Eigenfrequenz der Meßdosen und der Anzeigegeräte abhängt.

Beim kapazitiven und induktiven Verfahren kann mit Resonanzschaltungen (Abb. 47) gearbeitet werden, wobei die Trägerfrequenz meist groß (etwa 5000 Hz und darüber) ist. Ein Röhrensummer und ein Schwingungskreis I aus der Kapazität C_1 und der Induktivität L_1 liefert den Trägerstrom mit der Frequenz ω_1; der an diesen gekoppelte zweite Schwingungskreis II hat die Frequenz ω_2. Der Meßdosenwiderstand als Kapazität C_i oder als Induktivität L_i kann sowohl im

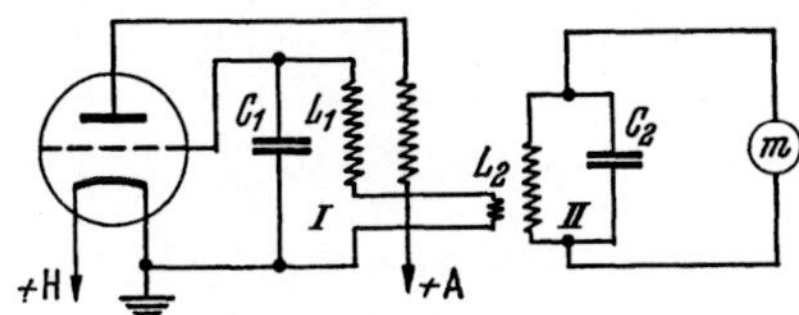

Abb. 47. Meßschaltung nach dem Verfahren der halben Resonanzkurve. I und II Schwingungskreise; m Meßinstrument.

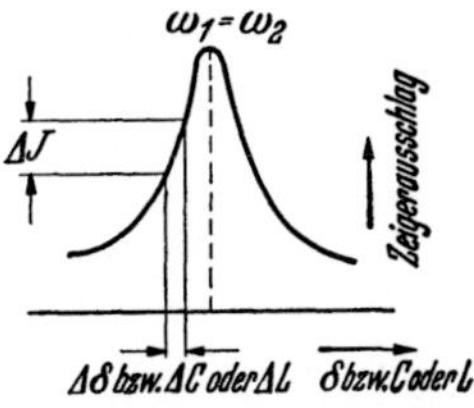

Abb. 48. Resonanzkurve zweier gekoppelter Schwingungskreise.

ersten als auch zweiten Schwingungskreis liegen. Bei der jeweiligen Änderung eines Widerstandes (Kapazität oder Induktivität) ändert sich die Frequenz des zugehörigen Schwingungskreises, so daß man an dem Ausgang des Empfängers einen Stromstärkeverlauf nach Abb. 48 feststellen kann. Es ist danach günstig, im steilen Ast der Kurve zu arbeiten, d. h. bei ungleichen Frequenzen ω_1 und ω_2. Damit die Zeigerausschläge immer eindeutig sind, dürfen wir nur eine Hälfte der Resonanzkurve benutzen, woraus sich die Bezeichnung des „Verfahrens der halben Resonanzkurve" erklärt.

Das Verfahren der halben Resonanzkurve nach H. RIEGGER ist auch anwendbar für eine magnetoelastische Kraftmessung; eine praktische Anwendung ist jedoch noch nicht bekannt geworden. Die grundsätzliche Resonanzanordnung ist weiterentwickelt worden, da die Schwingungen der einzelnen Kreise je nach der Frequenzlage aufeinander zurückwirken können. Diesen Nachteil vermeidet das Sperrkreisverfahren (41), das bei Schnittkraftmeßgeräten auch noch nicht angewendet wurde.

Beim induktiven Verfahren hat sich eine 50-Hz-Schaltung (Abb. 49) nach H. SCHALLBROCH und H. SCHAUMANN (44, 45) bewährt, bei der die Differenz zweier zu vergleichender Strombahnen gebildet wird. Ein Wechselstrom üblicher Spannung und Frequenz (110···220 V, 50 Hz) wird über einen magnetischen Spannungsgleichhalter einem Trafo zugeführt, der über zwei gleiche Sekundärseiten zwei Meßspannungen von je 30 Volt liefert. Diese werden einerseits an eine im Luftspalt veränderliche Drossel (Meßdrossel c) und andererseits an eine zweite unveränderliche Vergleichsdrossel d angelegt, die beide im unbelasteten Zustand der Kraftmeßdose einen gleichen Spannungsabfall und somit einen gleichen Stromfluß aufweisen. Dagegen ist bei Belastung, nämlich Vergrößerung des Luftspaltes der Meßdrossel, der Strom in ihr größer als der in der Vergleichsdrossel. Mit Hilfe einer Gleichrichteranordnung wird selbsttätig die Differenz der beiden Ströme in den Drosseln als Maß der Meßdrosselbelastung gebildet und an einem Anzeigeinstrument abgelesen oder von einem Tintenschreiber aufgezeichnet.

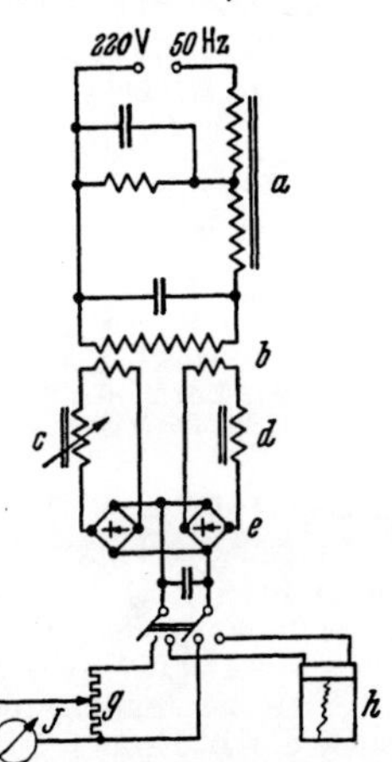

Abb. 49. 50-Hz-Schaltung für induktives Verfahren. (Nach H. SCHALLBROCH u. H. SCHAUMANN.) a magnetischer Spannungsregler; b Spannungswandler; c Meßdrossel; d Vergleichsdrossel; e Gleichrichterbrücke; f Anzeigeinstrument; g Meßbereichwähler; h Tintenschreiber.

Die Schaltung ist unabhängig von Spannungs- und Frequenzschwankungen des Netzes; der geringfügige Temperatureinfluß der beim Meßvorgang ungleich belasteten Drosseln wird durch eine Kompensationswicklung beseitigt.

23. Die Meßwertanzeiger der elektrischen Empfänger. Entscheidend für die Auswahl eines geeigneten Meßgerätes für die Meßgröße ist die Aufgabenstellung bei der Untersuchung der Schnittkräfte, die entweder als Mittelwerte oder in ihrem zeitlichen Ablauf bekannt werden sollen. Anzeigende Geräte sind durch ihre Zeiger und ihre sonstigen Eigenschaften verhältnismäßig träge. Sie besitzen eine Einstellzeit des größten Ausschlages von etwa 1 s, doch ist es schwierig, Schwankungen der Anzeige genau abzulesen; sie zeigen wegen der angebrachten Dämpfung kleine, aber nicht die wirklichen Schwankungen an, so daß man Mittelwerte abliest. Tintenschreiber für die Aufzeichnung der Meßgröße haben eine Einstellzeit von $1 \cdots 5$ s; mit ihnen können kleine Schwankungen, etwa $5 \cdots 8 \%$ des Meßwertes bei $7 \cdots 10$ Hz, noch festgestellt werden. Höhere Frequenzen von Änderungen können nur mit Oszillographen aufgezeichnet werden. Hierfür wird der Schleifenoszillograph bis 2000 Hz und der Kathodenstrahloszillograph üblicherweise bis etwa 30000 Hz verwendet. Diese Einteilung gilt für alle behandelten elektrischen Verfahren einer Kraftmessung.

Als anzeigendes Gerät für die Meßgröße, die meist eine Stromstärke ist, verwendet man genau arbeitende Milliamperemeter, die sowohl für Gleichstrom als auch für Wechselstrom gebaut werden. Ihre Genauigkeitsklassen sind nach VDE-Regeln festgelegt (VDE 0410) und beziehen sich auf die Anzeigegenauigkeit des Skalenendwertes. Einflüsse durch Temperatur, Spannung, Frequenz, Gebrauchslage und Fremdfelder sind nach Möglichkeit auszuschalten oder zu bestimmen.

Als Schreibgeräte verwendet man Tintenschreiber, die je nach Ausführung einen geschlossenen Linienzug oder eine punktweise Auftragung der Meßgröße erlauben. Von Vorteil sind Schreibgeräte, deren Leistungsbedarf gering ist oder durch eine zusätzliche Quelle gedeckt wird. So verstärkt z. B. der Bolometer-Tintenschreiber (27) einen zu messenden Gleichstrom, so daß die Meßgröße keinen Leistungsverlust durch das Schreibwerk erfährt. Dieser Tintenschreiber verlangt allerdings eine in engen Grenzen liegende Konstanz einer Wechselstrom-Hilfsspannung und konstante Frequenz für das Schreibwerk. Während ältere elektrische Schreibgeräte eine Einstellzeit des Endwertes von $2 \cdots 5$ s besitzen, hat der bolometrische Tintenschreiber nur eine solche von $1 \cdots 2$ s; damit ist auch der aufzeichnungsfähige Frequenzbereich dieses Gerätes etwas höher.

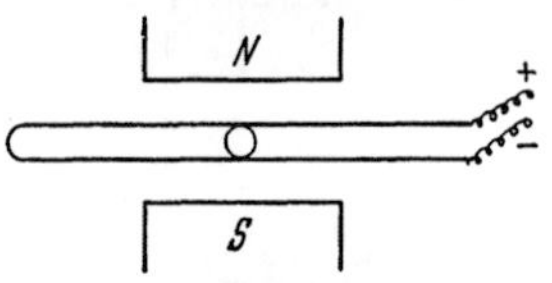

Abb. 50. Prinzip des Schleifenoszillographen.

Die Wirkungsweise eines Schleifenoszillographen beruht auf der Auslenkung einer vom zu messenden Strom durchflossenen Fadenschleife, die nach Abb. 50 zwischen den Polen eines permanenten Magneten aufgehängt ist. In der Mitte befindet sich ein Spiegel von etwa 1 mm² Größe. Der Strom durchfließt die beiden Drahtteile der Schleife in entgegengesetzter Richtung. Die auslenkende Wirkung des magnetischen Feldes auf die Drahtschleife und damit auf den Spiegel äußert sich in einer der Stromgröße verhältnisgleichen Verdrehung. Bereits sehr kleine Ströme bewirken einen meßbaren Ausschlag, der durch einen vom Spiegel reflektierten Lichtstrahl auf einen ablaufenden Photopapierstreifen als Linienzug projiziert wird. Nach der Belichtung des Papieres muß die Entwicklung in bekannter Weise wie bei Photopapier erfolgen.

Eine Verwendung des Schleifenoszillographen in der Werkstatt ist nicht mehr selten. Auch die Bedienung ist nicht schwierig. Eine Reihe von Hilfsmitteln erleichtern das Aufnehmen des Stromverlaufes. Mehrere in einen Oszillographen eingebaute Schleifen erlauben noch weitere Meßgrößen, z. B. die Drehzahl oder Schnittgeschwindigkeit, auf den gleichen Papierstreifen aufzuzeichnen; ebenso werden Zeitmarken aufgezeichnet. In Verbindung mit der gesamten Meßanordnung, der Empfindlichkeit der Kraftmeßdose und ihrem größten Meßbereich muß man die kleinste meßbare Belastung (Ablesegenauigkeit) versuchsmäßig ermitteln.

Bei der Untersuchung sehr schneller Frequenzen, z. B. der Untersuchung einer mit höchster Drehzahl umlaufenden Innenschleifspindel wird man den Kathodenstrahloszillographen verwenden müssen. In diesem Gerät wird ein von einer Elektrode ausgestrahlter Elektronenstrahl in einer Röhre letzten Endes durch einen vom Druckvorgang verursachten Spannungsabfall beeinflußt. Der Elektronenstrahl von der Kathode zur Anode wird durch das elektrische Feld zwischen zwei Platten abgelenkt, an denen die zu messende veränderliche Spannung liegt. Diese Ablenkung erfolgt aber nur dann verhältnisgleich und ohne Verzerrung, wenn die Spannung sich sehr schnell ändert. Um den Elektronenstrahl sichtbar machen und aufzeichnen zu können, läßt man ihn durch eine Öffnung in der Anode auf eine dahinter befindliche Mattscheibe auftreffen, wo er beobachtet oder photographiert werden kann. Mit einem zweiten Plattenpaar, das um 90 Winkelgrade gegenüber dem ersten versetzt ist, kann eine weitere Ablenkung des Elektronenstrahles durch eine andere Meßgröße erfolgen. Diese kann die ablaufende Zeit sein oder mit der zu messenden Größe (Kraft) in unmittelbarer Beziehung stehen, z. B. die Umlaufzahl eines Werkstückes oder Werkzeuges.

D. Verfahren der Kraftmessung auf anderen physikalischen Grundlagen.

Eine Reihe weiterer physikalischer Erscheinungen ist beim Messen von Druckkräften angewendet worden, die aber keine dauerhafte Bewährung erzielten und deren Anwendung auf die Messung von Schnittkräften noch nicht erprobt wurde. Die einzelnen Verfahren erfüllten nicht die zahlreichen Forderungen an betriebstechnisch verwertbare Geräte, die aufgestellt worden sind.

Beim akustischen Meßverfahren nach O. Schäfer (48) wird die Frequenz (Tonhöhe) einer gespannten Saite bei verschiedenen Spannungsverhältnissen unter der zu messenden Kraft ausgewertet. Die Beobachtung und Bewertung des Meßergebnisses kann von geschulten Kräften erstaunlich genau vorgenommen werden. Dennoch besitzt dieses Verfahren erhebliche Nachteile, da das magnetische Anschlagen der Saite, die elektrische Aufnahme und Verstärkung des Tones und schließlich die Anzeige bzw. Aufschreibung der Frequenz als Maß der Kraft mit einem beträchtlichen Aufwand verbunden sind. Außerdem ist die Meßdose räumlich verhältnismäßig groß, besitzt keine verschieden großen Meßbereiche und bedarf bei Temperaturschwankungen einer laufenden Nacheichung.

Auch ein optisches Kraftmeßverfahren ist ausführbar. Bei ihm wird die Auslenkung eines Lichtstrahles beobachtet, der von einem am Geber aufgehängten Spiegel reflektiert wird. Die Stellung des Spiegels wird dabei von der zu messenden Kraft beeinflußt (vgl. Abb. 19). Die Ablesung des Meßwertes auf einer außerhalb, getrennt von der Meßdose anzubringenden Skala oder die Aufzeichnung der Lichtstrahlauslenkung sind für die praktische Anwendung sehr umständlich und für Betriebsmessungen in der Werkstatt ausgeschlossen.

Eine Kraft kann weiter dadurch bestimmt werden, daß man mit einem Dehnungsmesser die elastische Verformung eines Gebers (Druck- bzw. Zugbelastung) ausmißt. Die bekannten älteren Dehnungsmeßgeräte der Werkstoffprüfung (Martens-Spiegelapparat u. ä.) sind aber für Schnittkraftmeßgeräte zu groß, unhandlich und in ihrer Anzeige zu träge. Es eignen sich lediglich sehr klein gebaute Feinmeßgeräte (49), die mit einer großen Verstärkung des Anzeigewertes arbeiten. Einige dieser Geräte ermöglichen es, mit optisch-elektrischen (E. Lehr) oder elektrisch-magnetischen (MPA Darmstadt, DVL Berlin) Wirkungen die Verformung an einer sehr kleinen Meßstrecke (0,5···10 mm) zu messen. Aber bei derartig kleinen Meßstrecken und allgemein kleinen Abmessungen der Dehnungsmesser dürfte verständlich sein, daß man selbst bei pfleglicher Behandlung kein Gebrauchsgerät für die Werkstatt zur Hand hat. Zudem ist die große Verstärkung für den Werkstattgebrauch sehr hinderlich; deshalb wurden diese Dehnungsmesser in Schnittkraftmeßgeräten noch nicht eingebaut.

Für eine Kraftmessung könnte auch die elektrische Widerstandsänderung von Drähten und ähnlich gestalteten elektrischen Leitern verwendet werden, deren Ohmscher Widerstand sich bei verschiedenen mechanischen Spannungszuständen ändert; der elektrische Meßvorgang erfordert aber eine große Verstärkung.

Ein anderer auf Kombination von mechanischen Formänderungen und Einschaltung verschieden großen elektrischen Berührungswiderstandes beruhender Weg wurde von A. Roth (Prüffeld BBC) (21) beschritten; eine von der mechanischen Kraft hydraulisch beaufschlagte Bourdonfeder wälzte sich auf einer Unterlage derart ab, daß sich der Berührungswiderstand gesetzmäßig änderte und mittels Wheatstone-Brücke gemessen werden konnte.

Die erzielbare Meßleistung bei kleinen Meßwegen ist aber bei allen konstruktiven Ausführungen von Widerstandssendern sehr klein, so daß andere Verfahren mit ausreichender Meßleistung ohne Verstärkereinrichtung den Vorzug verdienen.

Während der Drucklegung dieses Buches wurde der Versuch der Verwendung eines sogenannten „Staudruck-Meßverfahrens" für Schnittkraftmessungen bekannt, das die Arbeitsweise eines Feinmeßgerätes auf Strömungsgrundlage (ähnlich dem Solex-Meßverfahren) benutzt (66). Werden zwei in Reihe geschaltete Düsen an eine unter Überdruck stehende Luftleitung angeschlossen, so stellt sich im Raum zwischen den Düsen (der sog. Meßkammer) ein vom Ausströmquerschnitt abhängiger Druck ein. Wird der Druck in der Luftzuleitung und der Einströmquerschnitt konstant gehalten, so ist der Druck in der zwischen den beiden Düsen befindlichen Meßkammer nur noch eine Funktion des Ausströmquerschnittes. Man kann nun den wirksamen Ausströmquerschnitt ändern, indem man eine Anströmplatte,

z. B. das Meßobjekt, der Ausströmdüse nähert oder von ihr entfernt; bei Näherung steigt, bei Entfernung fällt der Meßkammerdruck.

Dieses Meßverfahren hat sich zur Feststellung kleinster Längen- und Durchmesserunterschiede bei der Werkstück- und Lehrenprüfung so gut bewährt, so daß es nahe liegt, es auch zur Ausmessung kleinster Geberverformungen bei der Schnittkraftmessung heranzuziehen (vgl. Abschn. 40).

E. Kritische Betrachtung der Verfahren einer Schnittkraftmessung.

24. Allgemeine Blickpunkte. Die Entwicklung und Erprobung der einzelnen Kraftmeßverfahren hat auf ganz verschiedenen Gebieten des technischen Messens stattgefunden; auch waren die zu messenden Kraftgrößen sehr unterschiedlich. Es müssen deshalb angleichende Überlegungen vorgenommen werden, um die einzelnen Meßgeräte in Bezug auf ihre Eignung zur Schnittkraftmessung gegenüberstellen zu können. Dann können über die einzelnen Verfahren vergleichende Betrachtungen angestellt werden, die die Entscheidung über die Auswahl eines geeigneten Kraftmeßverfahrens oder die Beurteilung der erreichbaren Meßgenauigkeit beim Gebrauch von Schnittkraftmeßgeräten erleichtern. Für eine vergleichende Betrachtung sind die auf S. 4ff. genannten zehn Anforderungen an Schnittkraftmeßgeräte maßgebend.

Zu 1 und 2. Die Größe des Meßweges und die Abmessungen des Meßgliedes stehen bei allen hier behandelten Verfahren in enger Beziehung; meist ist bei angestrebten kleinsten Abmessungen auch der Meßweg am kleinsten. Die konstruktiven Ausführungen von Schnittkraftmeßgeräten sind so vielgestaltig, daß die Geeignetheit einer Geberform nicht immer vom Gesichtspunkt der kleinsten Abmessung aus betrachtet werden darf. Entscheidend ist in allen Fällen der kleinste Meßweg, der erforderlich ist, um eine ausreichende Meßleistung zu erhalten. Hier unterscheiden sich die einzelnen Kraftmeßverfahren sehr wesentlich. Von schon ausgeführten Beispielen können folgende maximalen Meßwege genannt werden:

Verfahren: hydraulisch	rd. $500\,\mu$	
pneumatisch	rd. $1000\,\mu$	
mechanisch	rd. $200\,\mu$	für Meßuhren
mechanisch	rd. $2500\,\mu$	für Schreibgeräte
piezoelektrisch	$1 \cdots 3\,\mu$	mit Verstärker
kapazitiv	$40\,\mu$	ohne und mit Verstärker
fester Halbleiter	$8\,\mu$	ohne Verstärker
flüssiger Halbleiter	rd. $300\,\mu$	ohne Verstärker
induktiv	$200\,\mu$	ohne Verstärker
induktiv	$5\,\mu$	mit Verstärker
magnetoelastisch	$5\,\mu$	ohne Verstärker

Für eine engere Wahl kommen die Verfahren mit einem Meßweg von $500\,\mu$ und mehr nicht in Betracht. Sie können im übrigen auch an Empfindlichkeit, Genauigkeit, Freiheit von Störungen usw. infolge von Reibungen, Temperaturschwankungen, trägen Massen und anderen Mängeln den vollen Vergleich mit den neuzeitlichen elektrischen Meßdosen nicht aushalten. Deshalb erscheint es berechtigt, die hydraulischen, pneumatischen und mechanischen Verfahren in diesem Abschnitt nicht mehr besonders mitzubesprechen. Ihre geschichtliche und grundsätzliche Bedeutung soll dadurch nicht berührt werden.

Wenn das piezoelektrische Verfahren auch nahezu weglos arbeitet, so macht hierbei aber gerade die erforderliche genaue achsgerechte Belastung des Piezokörpers Schwierigkeiten. Ferner muß er stets sorgfältig eingebaut und sachgemäß behandelt werden, wobei er immer ein störungsanfälliger Teil des Kraftmeßverfahrens bleibt, während die anderen Verfahren keine übertriebene Sorgfalt verlangen. Sieht man vom Piezoverfahren ab, so sind mit Rücksicht auf den Meßweg das ohne Verstärker arbeitende magnetoelastische Verfahren und das mit Verstärker arbeitende induktive Verfahren als am leistungsfähigsten zu bezeichnen.

Mit beiden Verfahren sind vor allem bei Einbau mehrerer einfacher Meßdosen im gleichen Aufnahmekörper des Meßgerätes die zuverlässigsten Ergebnisse zu erwarten. Bei Belastung von in verschiedenen Richtungen eingebauten Meßdosen ist dann eine bereits vernachlässigbare Rückwirkung der einzelnen Meßdosen aufeinander erreichbar.

Für Kraftmeßdosen mit mehreren mechanischen Meßbereichen und mit mechanischem Überlastungsschutz des Gebers für den Wandler, die seit Jahren ein erstrebenswertes Ziel der Schnittkraftmeßtechnik sind, kann der Geberweg mit bislang bekannten Mitteln nicht kleiner als etwa 200 μ gehalten werden. Die elastischen Verformungen des die Kraftmeßdose aufnehmenden Gehäuseteiles und des Überlastungsschutzes, die Festigkeitseigenschaften der verwendeten Werkstoffe, sowie die Genauigkeit der technischen Herstellung machen es vorläufig nicht möglich, diesen Wert wesentlich zu verkleinern.

Den Geberweg von 200 μ kann man unmittelbar auf den elektrischen Übermittler übertragen. Die Zwischenschaltung eines weiteren elastischen Gliedes oder Gebildes (Hebelwerk od. ä.) würde in den Meßvorgang neue Gefahrenquellen und Störmomente (z. B. mechanische Hysterese, zusätzliche Reibungskräfte u. a.) bringen, die durch einen einfachen Geber so klein wie möglich gehalten werden sollen. Dazu wäre eine unerwünschte räumliche Vergrößerung der Meßdose zu erwarten.

Das sehr einfache und billige mechanische Verfahren mit Abtastung eines solchen 200 μ großen Geberweges durch eine Meßuhr ist träger als das induktive Verfahren. Nur dies letztere Verfahren hat den geeigneten Meßweg, selbst wenn es ohne Verstärker betrieben wird. Somit ist es bei den heute bekannten Möglichkeiten als allein brauchbar und leistungsfähig für Kraftmeßdosen mit mehreren mechanischen Meßbereichen und mechanischem Überlastungsschutz zu bezeichnen.

Die Abmessungen einer Kraftmeßdose richten sich einerseits nach der Geberform und dessen Werkstoff und andererseits nach dem Wandler des Geberweges. Als Werkstoff für Geber kann bei Schnittkraftmessungen nur gehärteter Stahl verwendet werden; als Geberform eignen sich besonders diejenigen, bei denen die bei Stahl stets höhere Druckfestigkeit gegenüber der Zug- oder Biegefestigkeit herangezogen wird. Schrauben-, Spiral- oder ähnliche Federformen beanspruchen einen größeren Raum als eine Federplatte oder ein einfaches Druckstück. In dieser Beziehung ist das magnetoelastische Verfahren als das günstigste zu bezeichnen, da hier der Eisenkern der Drossel ein auf Druck beanspruchter Geber und gleichzeitig Teil des Übermittlers ist. Auch das kapazitive Verfahren kann die Druckfestigkeit eines Gebers ausnutzen; hier muß aber der Kondensator eine Mindestabmessung haben, um eine genügend große Meßleistung zu erreichen. Jedenfalls ist ein leistungsfähiger Kondensator stets wesentlich größer als eine Drossel mit Kern des magnetoelastischen Verfahrens; aus dem Vergleich günstiger konstruktiver Lösungen (Abb. 28 und 43) ist dieser Vorteil eindeutig ersichtlich. Auch das Halbleiterverfahren ermöglicht nach Abb. 31 eine ähnliche Ausführung wie der Stauchzylinder des kapazitiven Verfahrens.

Die Wandler der elektrischen Verfahren können nach den bei den Erklärungen des Aufbaues und der Wirkungsweise angegebenen bewährten Abmessungen oder nach einer Abschätzung der ungefähren Maße aus den Schnittzeichnungen verglichen werden. Hiernach ist der kapazitive Wandler wegen der Größe des Kondensators, wie schon oben ausgeführt, sehr nachteilig beim Streben nach kleinen Abmessungen, während die Wandler der anderen Verfahren als ungefähr gleich groß angenommen werden können. Danach kann man im Hinblick auf die günstigen Festigkeitseigenschaften des magnetoelastischen Kernes und die kleinen Abmessungen des Wandlers dies Verfahren als sehr vorteilhaft gegenüber allen anderen elektrischen Verfahren betrachten.

Zu 3. Die Empfindlichkeit (d. h. das Ansprechen auf eine Kraftänderung) des einzelnen Verfahrens ist natürlich weitgehend abhängig von dem Empfänger der Meßleistung, so daß infolge der zahlreichen Kombinationen von möglichen Schaltungen und dem Verstärkungsgrad keine Zahlen angegeben werden können. Sie kann aber in allen Fällen ausreichend bemessen werden, um Unterschiede der Belastung anzuzeigen und eine der Arbeitsweise und Aufgabenstellung entsprechende Genauigkeit zu erreichen.

In Verbindung mit verschieden einrichtbaren mechanischen Meßbereichen des Gebers, wie dies in Abschn. 4 behandelt wurde, erlauben die elektrischen Verfahren, jeden gewünschten Meßbereich mit erwünschter Empfindlichkeit herzustellen; man schaltet dann nur vor das elektrische Anzeigegerät verschiedene Vorschaltwiderstände. Die Anzahl der wirtschaftlich tragbaren Meßbereiche richtet sich nach dem zugelassenen Geräteaufwand, die Anzahl der möglichen Meßbereiche nach den Störeinflüssen, die von der konstruktiven Lösung verursacht werden. Diese setzen die Genauigkeit des Meßergebnisses herab.

Bewährt hat sich in jahrelangem Gebrauch das Schnittkraftmeßgerät nach H. SCHALLBROCH und H. SCHAUMANN (12), das mit geringem Geräteaufwand arbeitet (Abschn. 37) und zwei mechanisch einstellbare Meßbereiche sowie drei elektrische Empfindlichkeitsstufen besitzt. Diese Aufteilung hat sich als vollkommen ausreichend bei Schnittkraftmessungen erwiesen. Dadurch wird ein Meßbereich von etwa 1 : 10 000 (0,05 kg bis 500 kg) mit ausreichender Meßempfindlichkeit im ganzen Meßbereich erzielt. Der kleinste wahrnehmbare Meßwert ist durch den Schwellenwert des Anzeigegerätes bestimmt. Er gibt an, um welchen Betrag die Kraft geändert werden muß, um eine Anzeige beobachten zu können.

Grundsätzlich ist die obengenannte Meßbereichaufteilung für jedes elektrische Verfahren ausführbar. Mit Rücksicht auf einen erträglichen Aufwand (Pkt. 9) wurde sie bislang praktisch aber nur im obigen Gerät, und zwar für das induktive Verfahren ermöglicht.

Eine größere Anfangsempfindlichkeit, d. i. die Anzeigeänderung bei kleinen Belastungen, im größten Meßbereich, hat für die praktische Meßdurchführung Vorzüge, die die Einschaltung des geeigneten Meßbereiches erleichtern. Gute Anfangsempfindlichkeit, die in einer gekrümmten Eichkurve zum Ausdruck kommt, erlaubt mit größerer Sicherheit, die Kräfte im kleineren Meßbereich abzulesen. Bei kleinen Belastungen steigen und sinken nämlich die Anzeigewerte schneller; diese meßtechnisch günstige Eigenschaft besitzen das induktive und magnetoelastische Verfahren, deren Eichkurven (Abb. 36, 37, 41 und 70) den gekrümmten Verlauf bei geeigneten Empfängern aufweisen.

Zu 4. Die Genauigkeit einer Messung wird beeinflußt durch die Arbeitsweise der Verfahren und die dabei auftretenden Fehler. Bei den Fehlern unterscheiden wir sachliche Fehler der Meßanordnung und persönliche Fehler des Versuchsanstellers. Die sachlichen Fehler setzen sich aus zahlreichen Anteilen der vielteiligen Meßanordnung zusammen. Sie können im einzelnen auf ein Mindestmaß beschränkt werden, wenn jedes Teil einwandfrei arbeitet. Die persönlichen Fehler entstehen durch Fahrlässigkeit, Ungeübtheit und unvermeidliche Ablesefehler. Sie müssen durch die Sorgfalt des Messenden nach Möglichkeit vermieden werden. Alle genannten Fehler verursachen eine Streuung der Meßwerte bei mehrmaligem Messen des gleichen Wertes, so daß auch hierfür eine Toleranz der geforderten Genauigkeit zugelassen werden muß.

Bei der Erklärung der elektrischen Verfahren konnte angeführt werden, daß sie recht genau ($\pm 1 \cdots 3\,\%$) arbeiten können. Einige Verfahren verlangen nur eine häufige und berichtigende Kontrolle, wie z. B. das Verfahren mit flüssigem Halbleiter (elektrolytische Wirkung). Mit den anderen elektrischen Verfahren läßt sich die Meßgenauigkeit von $\pm 5\,\%$ bei Einschluß der dem Wandler vor- und nachgeschalteten Meßglieder erreichen.

Zu 5. Eine störende Beeinflussung (Einfluß durch Temperaturänderung, Schwingungen usw.) der Arbeitsweise aller Verfahren setzt die Genauigkeit einer Messung herab. Hier sind alle von außen herangetragenen Störmöglichkeiten zu betrachten und zu bewerten.

Bei den elektrischen Verfahren ist eine Beeinflussung und kleine Änderung der Arbeitsbedingungen von größerem Einfluß. Hierbei können Temperaturänderungen, Schwankungen von Hilfsspannungen und -frequenzen, elektrische Störfelder u. a. die Ursache von Fehlmessungen sein. Aber auch Änderungen der Meßdose nach An- oder Umbau eines Gerätes an der zu untersuchenden Werkzeugmaschine können zu falschen Ergebnissen führen.

Die Größe der von Hand oder durch Temperaturänderungen verursachten Fehler ist infolge der mechanischen Verspannungen vom Meßweg abhängig: je kleiner der erforderliche Meßweg bei gleich großer Belastung, um so größer der Fehler des zugehörigen Verfahrens.

Die weiteren genannten Störmomente beziehen sich jeweilig auf ein bestimmtes Verfahren. Es gibt aber genügend elektrotechnische Mittel (z. B. Spannungsgleichhalter, Abschirmungen), um Gefahren für den praktischen Meßvorgang wirksam auszuschalten; sie wurden bei den Verfahren genannt. Schwierig ist es, Maßnahmen bei Gefahr mechanischer Überlastung leicht zerbrechlicher Wandler vorzusehen, Beschleunigungskräfte zu berücksichtigen, eine Temperaturkompensation beim flüssigen Halbleiter anzubringen oder den magnetischen Rückwirkungen bei den induktiven Verfahren zu begegnen. Die Beeinflußbarkeit der elektrischen Verfahren ist durch die verschiedenen physikalischen Grundlagen der Verfahren so vielgestaltig, daß einzelne Fehleranteile nicht leicht festgestellt werden können; sie können jedoch im gesamten in zulässigen Grenzen gehalten werden.

Zu 6. Trägheitseinflüsse. Alle hier behandelten Kraftmeßverfahren mit ihren Empfängern — ausgenommen die Meßuhr, das Galvanometer und das Elektrometer beim piezoelektrischen Verfahren — erlauben, Kraftschwankungen von 0 bis etwa 10 Hz zu beobachten; damit sind Betriebsmessungen einwandfrei durchführbar. Bei vielen Zerspanungsvorgängen ist aber die Beobachtung höherer Frequenzen erwünscht. Hierfür eignen sich nur die elektrischen Verfahren, die mit den entsprechenden Empfängern ausgerüstet sind.

Als höchste Frequenz wird heute in Zerspanungswerkstätten allgemein 500 Hz gefordert, die aber von einem Zeigergerät nicht mehr angezeigt werden können; man muß dann mindestens einen Schleifenoszillographen zum Aufzeichnen verwenden. Wenn der Geber die geeignete Steifigkeit besitzt, um den Kraftänderungen folgen zu können, zeichnen alle elektrischen Verfahren bei Anwendung einer geeigneten Trägerfrequenz — mit Ausnahme des Verfahrens mit flüssigem Halbleiter — die Frequenzen bis 500 Hz auf.

Zu 7. Leichte Eichbarkeit. Bei der Auswahl elektrischer Kraftmeßverfahren wurde meist dasjenige bevorzugt, bei dem die Meßanzeige der Belastung unmittelbar entspricht, also die Eichkurve eine Gerade ist. Dies bedeutet aber häufig lediglich einen Vorteil mit Rücksicht auf eine bestimmte auszuführende Messung und eine ausgewählte Aufgabenstellung. Es ist jedoch in vielen Fällen, besonders bei Leistungsuntersuchungen, sowieso eine ausgedehnte Rechnung durchzuführen, so daß die Umrechnung des Anzeigewertes in kg-Belastung nur eine geringfügige Mehrarbeit bedeutet. Übrigens ist eine unmittelbare Bezeichnung der Anzeigeskala in kg nicht empfehlenswert, da diese dann bei Vorhandensein mehrerer einstellbarer Meßbereiche unübersichtlich wird.

Wird mit mehreren Meßdosen in einer Ebene gemessen, so müssen die Eichkurven jeder Meßdose Gerade sein, da man im Empfänger die Summe der Meßwerte jeder einzelnen Meßdose bilden will. An einem Beispiel (Abschn. 28) werden diese Verhältnisse näher erläutert.

Die Eichung einer Kraftmeßdose muß einfach, schnell und mit beständig bleibenden Eichgeräten vorgenommen werden können. Diese Bedingung erfüllt die statische Eichung, so daß für Schnittkraftmeßgeräte alle jene Verfahren vorzuziehen sind, die nicht beschleunigungsabhängig sind. So ist das piezoelektrische Verfahren mit Seignettekristall, das Verfahren mit festem und flüssigem Halbleiter — letzteres bei Verwendung der Meßdose in einem Drehmomentmesser — für eine Schnittkraftmessung unbequem. Eichen darf man hier nur dynamisch durch Vergleich mit einer bekannten Beschleunigung (24, 50), wobei die Übereinstimmung zwischen statischer und dynamischer Eichung sehr häufig ungenau und unterschiedlich ist; dazu ist die dynamische Eichung umständlich und erfordert viel Zeit. Dagegen ist die statische Eichung durch Gewichtsbelastung mit bekannten Gewichten, hydraulischen Eichpressen oder geeichten Federbügelkraftmessern (z. B. von G. Wazau) einfach und stets sicher.

Zu 8. Die Sicherheit und Gleichmäßigkeit der Arbeitsweise der hydraulischen, pneumatischen und mechanischen Verfahren ist für viele Zwecke gut ausreichend. Abnutzung und Verschleiß der vielen beteiligten beweglichen Meßglieder, Undichtwerden der Rohrleitungen, deren unvollständige Füllung u. a. machen allerdings eine sachgemäße Kontrolle notwendig.

Auch alle elektrischen Kraftmeßverfahren ermöglichen nur dann einen sicheren und gleichmäßigen Betrieb, wenn die bei der Behandlung des Aufbaues und der Wirkungsweise genannten Vorsichtsmaßnahmen berücksichtigt sind. Bei den einzelnen Verfahren sind besondere Erscheinungen hervorzuheben, deren Einfluß die Ausnutzung beschränkt.

Das kapazitive Verfahren verlangt eine sorgfältige, nach elektrischen Gesichtspunkten eingerichtete Abschirmung der ganzen Anlage, um hochfrequente Störungen auszuschalten. Hierbei wird das Wissen und Können eines elektrotechnisch geschulten Versuchsanstellers nötig sein. Gesteigerte Anforderungen stellt auch das piezoelektrische Verfahren, bei dem Isolierung und Abschirmung mit aller Sorgfalt erfolgen muß. Die besonderen Schwierigkeiten dieser elektrischen Abschirmung der beiden Verfahren können überwunden werden, es sind aber keine Versuchsfelder der Zerspanungstechnik bekannt, die diese Verfahren nach versuchsweiser Erprobung laufend zu Untersuchungen weiter verwendeten, so daß trotz zahlreicher theoretischer Vorzüge eine Benutzung nicht empfohlen werden kann. Grundlegende Ursache ist wahrscheinlich die beim An- und Umbau auftretende mechanische Verspannung des gesamten Schnittkraftmeßgerätes; es ist deshalb dann eine schwierige Eichung im eingebauten Zustand notwendig.

Das Verfahren mit festem Halbleiter ist beschleunigungsabhängig und zeigt eine mechanische Hysterese sowie Nachwirkungen in der Anzeige. Es ist besonders gefährdet durch Zerbrechen des Halbleiters bei Überlastungen, ohne daß man dies bei der Anzeige des Meßwertes zuverlässig erkennen kann. Beim Verfahren mit flüssigem Halbleiter stört die Elektrolyse. Temperatureinflüsse und Spannungs- und Frequenzschwankungen können meist kompensiert werden. Man verschafft sich aber zweckmäßig erst durch Beobachtung in der Werkstatt einen Überblick über die Änderungen der Temperatur und der Spannung und Frequenz des Werkstattnetzes; erst dann sind Rückschlüsse auf die Gerätegenauigkeit möglich.

Zu 9. Die Frage des vertretbaren Geräteaufwandes wird sehr häufig die Auswahl eines Kraftmeßverfahrens entscheiden. Diese Frage behandeln wir hier nur für die elektrischen Verfahren, die sich vergleichen lassen. Dabei ist natürlich stets der gesamte Aufwand zu betrachten. Zahlenmäßige Vergleiche für den Aufwand sind nicht bekannt, so daß wir nur schätzen können. Für diesen Fall können die gesamten Herstellkosten (Werkstoff-, Lohn- und Gemeinkosten) für alle elektrischen Wandler als gleich groß angesehen werden. Auch für die mit Wechselstrom betriebenen Empfänger dürfte die gleiche Annahme zutreffen, wenn wir eine Brückenschaltung mit Gleichrichterbrücke für Betriebsmessungen zugrunde legen und die kapazitiven Verfahren ausschließen. Bei den beiden kapazitiven Verfahren ist eine Verstärkereinrichtung für die Meßgröße erforderlich, da sie nur eine kleine Leistung abzugeben erlauben; damit ist der Geräteaufwand dann — und zwar erheblich — größer.

Die mit Gleichstrom betriebenen Verfahren benötigen keine Gleichrichterbrücke, so daß ihre Anlage etwas billiger wird als bei den Wechselstromverfahren. Sie verlangen auch keinen Spannungsgleichhalter, da meist aus Batterien gespeist wird; jedoch müssen die Anschaffungs- und die Unterhaltungskosten für die Batterien berücksichtigt werden.

Wir gehen wohl nicht fehl, wenn wir danach den Werkstattgeräteaufwand für die Verfahren mit Änderung eines Ohmschen oder induktiven Widerstandes als ungefähr gleich betrachten; er ist bei Werkstattmessungen sicher verhältnismäßig klein. Eine Einschränkung muß nur für das magnetoelastische Verfahren gemacht werden: zur aufschreibenden Anzeige muß ein verstärkender Bolometertintenschreiber verwendet werden, dessen Preis, auch durch seinen Anteil an dem für seinen Wechselstrombetrieb ebenfalls erforderlichen Spannungsgleichhalter, höher als der eines gewöhnlichen Tintenschreibers ist.

Wenn sehr schnelle Schwingungen der Kraftänderungen beobachtet werden sollen, ist der Geräteaufwand für den Betrieb mit hochfrequentem Wechselstrom bedeutend größer als der für Gleichstrom. Dann ist das Verfahren mit festem Halbleiter infolge der einfachen Brückenschaltung mit einigen Ohmschen Widerständen (Abb. 46b) bedeutend vorteilhafter; seine sonstigen Nachteile lassen es aber ratsam erscheinen, für diese Meßaufgabe einen höheren Geräteaufwand wegen größerer Meßsicherheit zuzulassen.

Zu 10. Gute Bedienbarkeit. Sachkenntnis und gleiche Sorgfalt vorausgesetzt sind die Einrichtungen aller Kraftmeßverfahren auch von angelernten Kräften bedienbar. Eine Rangfolge läßt sich kaum angeben, wenn auch betont werden muß, daß die mit Hochfrequenz betriebenen Verfahren schon die kritische Urteilsfähigkeit des Bedienenden im größeren Maße in Anspruch nehmen. Aber bei der weiten Verbreitung von Rundfunkgeräten und besonders der Bastelfreudigkeit auch des einfachen Arbeiters kann man erwarten, daß die für solche Meßarbeiten ausgewählten Facharbeiter für die Durchführung von Messungen ein weitgehendes Verständnis mitbringen und die erforderliche Sorgfalt walten lassen.

Die unfallsichere Bedienbarkeit der elektrischen Meßeinrichtungen kann durch berührungssicheren Aufbau aller Geräteteile einschließlich etwaiger Verstärker, Röhrensummer u. a. sichergestellt werden. Alle Verfahren können übrigens mit einer niedrigen elektrischen Spannung arbeiten. Bei Berührungskurzschluß in der Meßeinrichtung kann diese dann höchstens zu einem noch ertragbaren Schreck für den Messenden führen.

25. Rückschlüsse für Geräteauswahl. Zur Wahl stehen heute für alle Meßaufgaben wohl ausschließlich die elektrischen Verfahren[1]. Eine engere Auswahl wird erleichtert, wenn mit Rücksicht auf die genannten zehn Betrachtungspunkte die Vor- und Nachteile der einzelnen Verfahren durch eine positive, negative und Mittelbewertung in folgender Tafel zusammengestellt werden:

Verfahren	Betrachtungspunkt-Nr.									
	1 Meßweg	2 Ab- messung	3 Meß- bereiche	4 Ge- nauig- keit	5 Beein- flußbar- keit	6 Träg- heit	7 Eich- barkeit	8 Sicher- heit	9 Auf- wand	10 Bedien- barkeit
piezoelektrisch . .	+	+	+	+	0	+ +	—	—	— —	— —
kapazitiv	+	—	+	+	0	+ +	+	—···0	—	— —
fester Halbleiter .	+	+	+	+	0	+ +	0	—···0	+	+ +
flüssiger Halbleiter	+	+	+	0	0	0	0	—	+	+
induktiv	+···0	+ +	+ +	+	+	+ +	+	+	+ +	+ +
magnetoelastisch .	+	+ +	+	+	+	+ +	+	+	+	+

In dieser Tabelle haben die beiden letzten Verfahren die zahlreichsten positiven Vorzeichen; damit ist auch notenmäßig ihr Vorteil herausgestellt.

Für Schnittkraftmessungen unter werkstattähnlichen Bedingungen mit mechanischem Überlastungsschutz und mit verschiedenen mechanischen und elektrischen Meßbereichen hat sich das induktive Verfahren schon lange Zeit bewährt (12). Der erforderliche Meßweg ist zwar nicht sehr klein, doch hat sich kein Unterschied in den Meßergebnissen gegenüber Versuchsausführungen von Geräten mit kleineren Meßwegen gezeigt. Gleichrangig mit ihm ist das magnetoelastische Verfahren für Schnittkräfte über 100 kg zu betrachten; es arbeitet mit einem wesent-

---

 An sich käme auch das neue Staudruck-Meßverfahren (vgl. Kapitel D Seite 41) hier mit zum Vergleich in Betracht; da es den Verfassern jedoch erst während der Drucklegung dieses Buches für den Bereich der Schnittkraftmessung als anwendbar bekannt geworden ist, konnte es trotz der bereits vorliegenden guten Bewährungen in der schon abgeschlossenen Textdarstellung nicht mehr ausführlicher berücksichtigt werden.

lich kleineren Meßweg, so daß man mehrere Meßdosen ohne Bedenken in verschiedenen Ebenen anordnen kann. Außerdem besitzt die einzelne Meßdose den Vorteil, daß sie sowohl mit niedrigen als auch hohen Trägerfrequenzen betrieben werden kann. Es stehen somit heute zwei elektrische Verfahren, das **induktive** und das **magnetoelastische** Verfahren für die Schnittkraftmessung zur Verfügung, die in ihrem Anwendungsbereich zuverlässige Meßergebnisse liefern.

26. Der trägheitsfreie Kraftmesser. Unsere Betrachtungen waren vornehmlich auf Schnittkraftmeßgeräte für den Werkstattgebrauch abgestellt. Aber auch für ein Schnittkraftmeßgerät zur Grundlagenforschung des Zerspanungsvorganges können aus den Betrachtungen Folgerungen gezogen werden. Wir mußten erkennen, daß einige der elektrischen Verfahren beschleunigungsabhängig sind; dieser Fehler ist von Einfluß, wenn nur kleine Kräfte gemessen werden sollen. Die Masse des Wandlers verursacht durch ihre Beschleunigungskräfte eine Änderung der auszumessenden elektrischen Widerstände, die von der Änderung der eigentlichen, von der Kraft herrührenden getrennt werden muß. Für einen Beschleunigungsmesser nach dem piezoelektrischen Verfahren, der ebenfalls Kräfte mißt, konnte diese Trennung und Ausschaltung der Beschleunigungskräfte aus dem Meßergebnis bereits erfolgreich durchgeführt werden (26).

Der Aufbau und die Wirkungsweise des beschleunigungsunabhängigen Kraftmessers nach dem piezoelektrischen Verfahren (26) sind folgender Art: zwischen

zwei Membranen gleicher Steifigkeit liegt eine Quarzsäule mit einer kleinen Vorspannung (Abb. 51). Bei beschleunigungsfreier Belastung wird ein Teil auf die obere, der andere gleich große Teil der Belastung über die Quarzsäule auf die untere Membrane übertragen (Abb. 51a). Die dabei auftretende elektrische Ladung ist der Meßwert für die äußere Kraft. Bei einer Beschleunigungskraft P_b auf die Meßdose wirken zusätzlich die in der Meßdose vorhandenen Massen, die aber praktisch nur von der Quarzsäule dargestellt werden. Durch die Beschleunigungskraft wird die obere

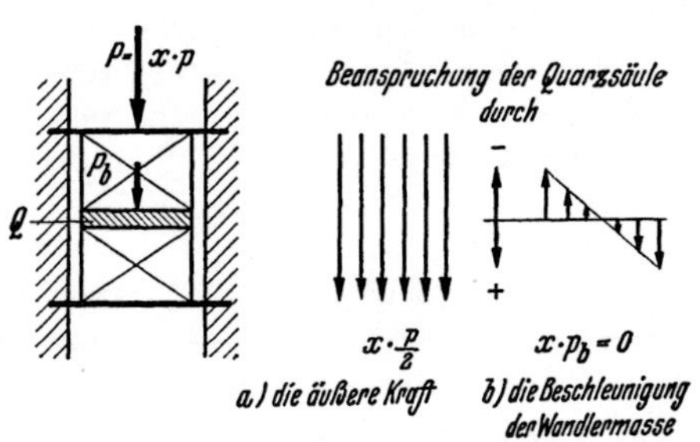

Abb. 51. Beschleunigungsfreie Messung einer Kraft durch das Piezoverfahren.

Membrane entlastet und, bei gleicher Steifigkeit der Membranen, die andere um den gleichen Betrag belastet (Abb. 51b); d. h. auf den elektrischen Vorgang übertragen, daß die Potentialdifferenz der beiden die Ladungsmenge führenden Anlageflächen unverändert bleibt. Mit dieser Meßweise und Anordnung wird also ein masselos wirkender Meßvorgang einer Kraft durchgeführt. Die vor der Quarzsäule liegenden Massen, die ebenfalls als Beschleunigungskraft wirken, können durch eine gleich große, an der unteren Membrane angebrachten Masse in ihrer Wirkung aufgehoben werden. Dieser Massenausgleich erfordert kleine Abmessungen des Werkzeuges und des Werkzeugträgers. Damit können dann aber nur sehr kleine Kräfte gemessen werden, so daß der Anwendungsbereich des beschleunigungsunabhängigen Schnittkraftmessers auf kleine Spanquerschnitte beschränkt ist.

Die gleiche Anordnung ist auch denkbar für das magnetoelastische und das Halbleiterverfahren. Dann liegt der Drosselkern des magnetoelastischen Verfahrens bzw. die Halbleitersäule des Halbleiterverfahrens zwischen zwei gleich steifen Membranen. Solche Anordnungen wurden aber bislang noch nicht erprobt, so daß über ihre Eignung noch nichts gesagt werden kann.

Welche Erkenntnisse sich über den Schnittkraftverlauf beim Zerspanen aus dem Gebrauch eines beschleunigungsfreien Schnittkraftmeßgerätes ergeben werden, kann ebenfalls noch nicht angedeutet werden. Man wird versuchen müssen, neben dem Messen der Schnittkräfte auch die Trennung der Werkstoffteilchen, also die Spanbildung, photographierend zu beobachten, um aus beiden Ergebnissen Rückschlüsse zu ziehen. Es ist zu vermuten, daß mit ähnlichen Untersuchungsmethoden der Zerspanungsvorgang als solcher in ständig fortschreitender Weise geklärt werden kann (52); hierdurch werden auch die Bemühungen gefördert, durch zweckentsprechende Prüfverfahren für den Werkstättenbetrieb die so wichtige Eigenschaft der „Zerspanbarkeit" (51) genauer festzulegen.

V. Ausgeführte Schnittkraftmeßgeräte.

Die Aufgabe der Kraftmessung kann in der Feststellung der Kraft am zerspanenden Werkzeug oder in der Ermittlung der Gegenkräfte am zu zerspanenden Werkstoff bestehen. Die Entscheidung für den einen oder anderen Weg richtet sich nach dem zu untersuchenden Bearbeitungsverfahren oder der zu untersuchenden Maschinenart. Die baulichen Anforderungen an das zu messende Gerät sind dabei sehr unterschiedlicher Art, so daß allgemeine Regeln oder Vorschriften über den Aufbau nicht gegeben werden können. Es müssen immer die Vor- und Nachteile der in den vorhergehenden Abschnitten behandelten Kraftmeßverfahren und der zugehörigen Empfangseinrichtungen berücksichtigt werden. Ein aufschlußreiches Bild der verschiedenen Möglichkeiten bei den wichtigsten Zerspanungsvorgängen verschafft man sich am zweckmäßigsten dadurch, daß man zu Gruppen zusammengefaßte Baubeispiele von Schnittkraftmeßgeräten kritisch beurteilt.

Eine einheitliche Gruppenbildung und Benennung von Schnittkraftmeßgeräten hat sich bislang noch nicht eingeführt. Wir wollen deshalb zur Anbahnung richtiger Vergleichsweisen hier zwischen folgenden Gruppen unterscheiden:

A. Schnittkraftmesser und Schnittkraftmeßtische.

B. Drehmoment- und Druck-Meßtische (Drehmoment an nicht umlaufenden Teilen).

C. Umlaufende Drehmomentmesser.

Schnittkraftmesser wurden in Veröffentlichungen (12, 33, 43) meist jene Geräte genannt, die einen Dreh-, Hobel- oder Stoßvorgang zu untersuchen gestatten; das Meßgerät ist dabei der Halter des Werkzeuges. Diese Bezeichnung soll auch weiter so verwendet werden, wobei die Anzahl der meßbaren Kraftkomponenten noch hinzugefügt wird: Ein- bzw. Mehrkomponenten-Schnittkraftmesser.

Mit einem Mehrkomponenten-Schnittkraftmesser werden Schnittkräfte in bevorzugten Richtungen des Raumes, z. B. in der Hauptschnittrichtung, Vorschubrichtung und als Anpreßkraft des Werkzeuges (Rückkraft) gemessen. Die Schnittkräfte in den gleichen Richtungen können aber auch am Werkstück gemessen werden. Dann würde ein entsprechendes Meßgerät auf den Maschinentisch gespannt werden. Solche Geräte zum Messen von Schnittkräften am Werkstück wollen wir Schnittkraftmeßtische nennen. Statt dieser allgemeinen Bezeichnung empfiehlt sich oft, die genauere Benennung nach dem zu untersuchenden Zerspanungsvorgang zu wählen: z. B. Bohrdruck-, Fräs- oder Schleifmeßtisch; hiermit werden dann auch zugleich die meist unterschiedlichen Schnittkraftgrößen gekennzeichnet, die mit solchen Geräten gemessen werden können.

Da man mit einem Schnittkraftmesser auch Bohrdrücke sowie Schnittkräfte beim Fräsen und Schleifen messen kann, ist es vertretbar, Schnittkraftmesser und

Schnittkraftmeßtische in einer Gruppe zusammenzufassen. Theoretisch wäre es auch möglich, mit einem Meßtisch als Halter eines Drehmeißels die Schnittkräfte beim Drehen und Hobeln zu messen; hierbei treten aber wegen der großen Abmessungen eines Meßtisches Schwierigkeiten für eine einfache Aufspannung auf.

Obgleich auch bei den Schnittkraftmeßtischen außer Kräften auch Drehmomente ermittelt werden können, sollen bei vorliegender Übersicht „Drehmomentmesser" als besondere Gattung herausgestellt werden. Bei Drehmomenten müssen wir unterscheiden zwischen ruhenden und umlaufenden Drehmomenten; ein ruhendes Drehmoment soll dabei den Kraftangriff mit einem Hebelarm an einem ruhenden Teil (wie es mit einem Meßtisch bestimmt werden kann), ein umlaufendes Drehmoment den gleichen Angriff an einem umlaufenden Teil kennzeichnen. Auf dieser Unterscheidung soll auch die Bezeichnung von Drehmomentmessern aufbauen: Nicht umlaufende Drehmomentmesser sind Meßtische, die still stehen und als Drehmomentmeßtische bezeichnet werden. Ist mit der Drehmomentmessung gleichzeitig eine Druckmessung in Richtung der Drehachse im gleichen Gerät verbunden, so bezeichnen wir dies als Drehmoment- und Druck-Meßtisch.

Umlaufende Meßgeräte für die Drehmomentmessung sollen umlaufende Drehmomentmesser genannt werden. Die älteren Bezeichnungen: Indikator, Verdrehungsindikator, Dynamometer usw. sollen nicht mehr übernommen werden; mit ihnen wollte man ausdrücken, daß die Meßgeräte das Meßergebnis unmittelbar anzeigen oder aufzeichnen. Diese unmittelbare oder mittelbare Darstellung wird aber heute von jedem Drehmomentmesser erwartet, so daß dies kein besonderes Kennzeichen dieser Konstruktionen ist. Die Bezeichnung Dynamometer ist ebenfalls überholt; nur ältere Ausführungen werden noch so genannt.

Es würde die angeführten Bezeichnungsweisen verdeutlichen, wenn zu jeder Art von Meßgerät ein Baubeispiel mit allen hier behandelten Kraftmeßverfahren gebracht würde. Bei einer Überprüfung gebauter Geräte stellt sich aber heraus, daß nicht zu jeder Art von Meßgerät alle Meßverfahren erprobt wurden. Es sollen deshalb ausschließlich jene Ausführungen besprochen werden, die mit Erfolg bei verschiedenen Zerspanungsvorgängen gebraucht wurden. Als Reihenfolge der beschriebenen Schnittkraftmeßgeräte wurde die gleiche wie bei der Behandlung des Aufbaues und der Wirkungsweise der Kraftmeßverfahren eingehalten.

A. Baubeispiele von Schnittkraftmessern und -meßtischen.

27. Hydraulischer Dreikomponenten-Schnittkraftmesser. Mit diesem Gerät wird die an einem Drehmeißel wirkende Schnittkraft in drei Komponenten, die Hauptschnittkraft, die Vorschubkraft und die Rückkraft aufgeteilt (Abb. 77). Die Wirkungslinien dieser Teilkräfte stehen senkrecht aufeinander und sind auf die Hauptrichtungen an der Drehbank bezogen. Die Hauptschnittkraft wirkt in der Drehrichtung senkrecht nach unten, die Vorschubkraft entgegen der Vorschubrichtung und die Rückkraft von der Meißelspitze weg in Richtung des Meißelschaftes; die beiden letzteren Kräfte in waagrechter Ebene. Diese Teilkräfte am Werkzeug können durch die konstruktive Ausführung des Schnittkraftmessers einzeln gemessen werden.

Der hydraulische Dreikomponenten-Schnittkraftmesser nach Abb. 52a ist wohl der älteste, serienmäßig hergestellte Schnittkraftmesser neben weniger bekannten Geräten der Maschinenfabrik Mohr & Federhaff, Mannheim, und A. J. Amsler & Co., Schaffhausen. Der grundsätzliche Aufbau kann auch an allen später entwickelten Geräten beobachtet werden. Der Drehmeißel ist mit Spannbügeln in einer oben offenen Meißelwiege festgeklemmt. Vier an den Enden mit kleinen Radien abgerundete Stelzen stützen die Wiege gegen vier hydraulische Druckdosen im Gehäuse ab, so daß die Kräfte an der Schneide auf diese übertragen werden. Die Lagerstellen der Stelzen sind kugelig ausgearbeitete, harte Gewindebolzen, mit denen die leichte, aber spielfreie Beweglichkeit der Meißelwiege eingestellt wird.

Die Hauptschnittkraft beim Drehen verursacht eine Pendelung der Meißelwiege um eine waagerecht liegende Aufspannachse; diese liegt in gleicher Höhe wie die Meißeloberkante und unter dem vorderen Spannbügel des Meißels durch die obere Abrundung zweier senkrecht stehender Stelzen gehend. Zwei von oben drückende Schraubenfedern pressen die Meißelwiege stets nach unten auf die Stelzen und diese in harte Pfannen. Durch diese Lagerung kommen zwei Hebelarme für den Meßvorgang der Hauptschnittkraft zustande: der vordere, kleinere Hebelarm von der Meißelspitze bis zu der waagerechten Aufspannachse der Meißelwiege und der hintere Hebelarm von dieser Achse bis zur Mittellinie der oben liegenden Druckdose für die Hauptschnittkraft; diese Kraft wirkt also im Verhältnis der genannten Hebelarme auf die obere Druckdose.

Die Vorschubkraft kann mit diesem Gerät sowohl gemessen werden, wenn der Vorschub in Richtung auf den Spindelstock der Drehbank als auch bei dem selteneren Fall in Richtung zum Reitstock oder beim Plandrehen als Abdrängkraft parallel zur Drehbankachse erfolgt. Es sind deshalb für die Vorschubkraftmessung zwei Druckdosen vorgesehen, die an beiden Seiten vorn im Gehäuse angeordnet sind. Über zwei Stelzen wird durch einstellbare Gewindebolzen eine Vorspannung auf beide Druckdosen aufgebracht, die größer ist als die größte zulässige Vorschubkraft. Bei Belastung pendelt die Meißelwiege um eine unveränderliche Achse, die durch zwei waagerechte Stelzen an ihrem hinteren Ende gebildet wird.

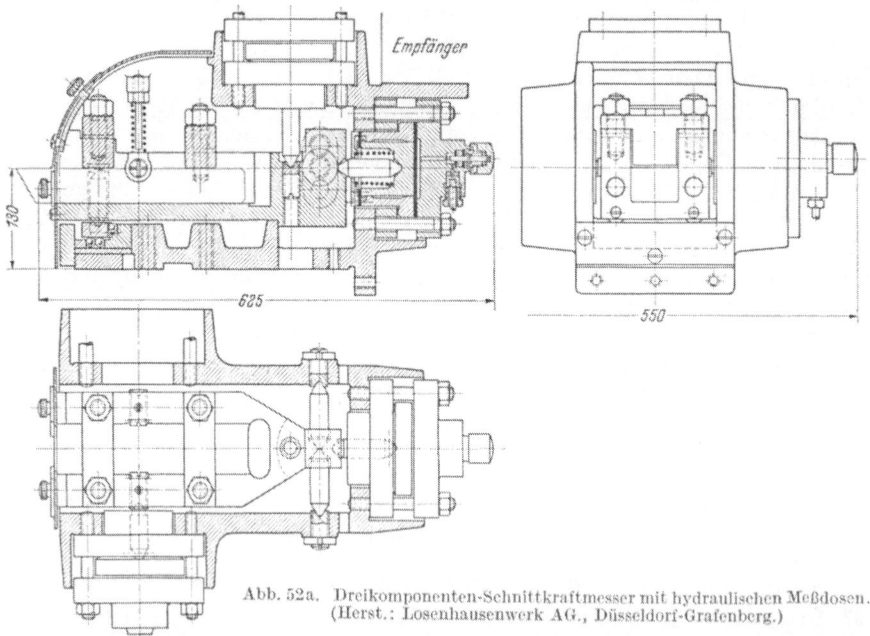

Abb. 52a. Dreikomponenten-Schnittkraftmesser mit hydraulischen Meßdosen.
(Herst.: Losenhausenwerk AG., Düsseldorf-Grafenberg.)

Die Rückkraft beim Drehen wird über die Meißelwiege gehend von einer am hinteren Ende des Gehäuses liegenden Druckdose aufgenommen; ihre Vorspannung wird durch Überdruckfüllung der Flüssigkeit erreicht. Eine Abstützung der Meißelwiege für die Rückkraft durch Stelzen ist nicht mehr erforderlich, da die Stelzen für die beiden anderen Ebenen in der Hauptschnitt- und Vorschubrichtung ausreichen und die Lage vollständig bestimmen.

Der Aufbau der hydraulischen Druckdosen ist aus der Schnittzeichnung der Rückkraftdose in Abb. 52a ersichtlich. Wir erkennen die übliche Ausführung einer Membranmeßdose älterer Konstruktion. Der Meßweg der wirkenden Kräfte an der Schneide wird als Flüssigkeitsverschiebung und hydraulischer Druck auf den Empfänger übertragen. Die unter der Druckerhöhung erzielte Aufbiegung der Bourdonfedern des Empfängers wird mit Schreibhebeln aufgezeichnet. Die Verschiebung der Meißelwiege aus der Ausgangslage (Meßweg) und die Aufhebung ihrer spielfreien Lagerung ist nicht unbeträchtlich.

Der Empfänger als aufschreibendes Gerät ist am Gehäuse des Schnittkraftmessers angeschraubt, so daß die Größe der einzelnen Kraftkomponenten vom Versuchsansteller leicht abgelesen werden kann, wenn das Schreibpapier mit einem Maßstab versehen ist; er muß durch Eichung festgelegt werden. Das Schnittkraftmesser-Gehäuse wird auf den Querschlitten der Drehbank aufgeschraubt, wozu der Oberschlitten abgenommen und eine besondere Aufspannplatte angebracht werden muß. Neuere Geräte streben jedoch die unmittelbare Einspannung eines Schnittkraftmessers an Stelle eines Meißels im Oberschlitten an. Die Abmessungen der älteren Geräte sind ziemlich groß, besonders die Entfernung zwischen Meißelspitze und unterer Auflagefläche.

H. Schöpke (18) und A. Wallichs und H. Schöpke (53) haben bei der Entwicklung von Schnittkraftmessern die am vorstehend beschriebenen Gerät ungünstigen Stelzen an zugänglichen Stellen durch Wälzlager und ein Kugelgelenk ersetzt; den Aufbau dieses ebenfalls älteren Gerätes zeigt Abb. 52b. Der Meißel ist in der Meißelwiege g eingespannt, die in waagerecht liegenden Wälzlagern h parallel zur Werkstückachse schwenkbar ist. Dadurch wird die Hauptschnittkraft am Meißel im Verhältnis der Hebelarme l_1 und l_2 über eine Stelze i auf die im Gerät obenliegende Meßdose a übertragen. Die Meißelwiege g ist in einem Pendelkörper d gelagert, der um ein Kugelgelenk e in der Rückkraftdose b wie der menschliche Oberarm im Schultergelenk allseitig schwenkbar ist. Ausgenutzt wird aber lediglich die Beweglichkeit des Pendelkörpers in der horizontalen Ebene für die Messung der Vorschubkraft in der Meßdose c, so daß der Pendelkörper d mit vier kugeligen Stelzen f im vorderen Teil des Gerätegehäuses abgestützt ist. Somit ist der Pendelkörper für den Meßvorgang ein einarmiger Hebel, der die Vorschubkraft im Verhältnis der Hebelarme l_3 zu l_4 auf die Meßdose überträgt. Vorspannungsfedern in den drei Ebenen des Raumes und hydraulische Membranmeßdosen für zwei Meßbereiche (53) vervollständigen das Gerät. Alle hydraulischen Schnittkraftmesser für das Drehen sind nach dem Vorhandensein der neuen Geräte mit elektrischer Messung nicht mehr als zeitgemäß anzusehen.

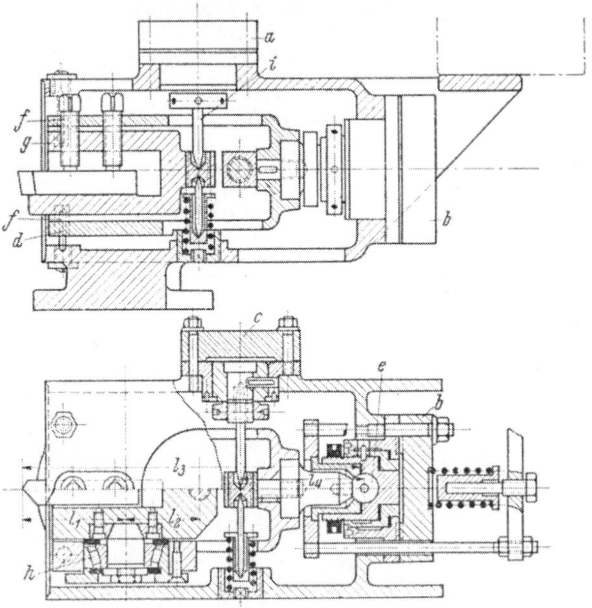

Abb. 52b. Dreikomponenten-Schnittkraftmesser mit hydraulischen Meßdosen. (Nach A. Wallichs u. H. Schöpke: Schieß-Defries-Nachr. Bd. 12 [1932] S. 38.)

a, b, c Meßdosen; d Pendelkörper; e Kugelgelenk; f kugelige Stelzen; g Meißelwiege; h Wälzlager; i Druckstelze; l_1 bis l_4 Hebelarme.

28. Hydraulischer Fräsmeßtisch nach F. Eisele.

Der Fräsvorgang als Formgebungsverfahren mit einem vielschneidigen Werkzeug wurde mit dem Fräsmeßtisch nach Abb. 53 eingehend untersucht, der die wirksamen Kräfte, bezogen auf die drei Achsen des Raumes, zahlenmäßig festzustellen gestattete. Eine solche Messung der Kräfte läßt sich jedoch schwer am Werkzeug selbst vornehmen. Deshalb wird ein einfach gestaltetes Werkstück (Vierkantblock) auf einen starren Werkstückträger gespannt, der zwischen mehreren Meßdosen im Gehäuse des Meßtisches hängt, so daß die Kräfte in horizontaler (zweiachsiger) und in vertikaler (einachsiger) Richtung gemessen werden.

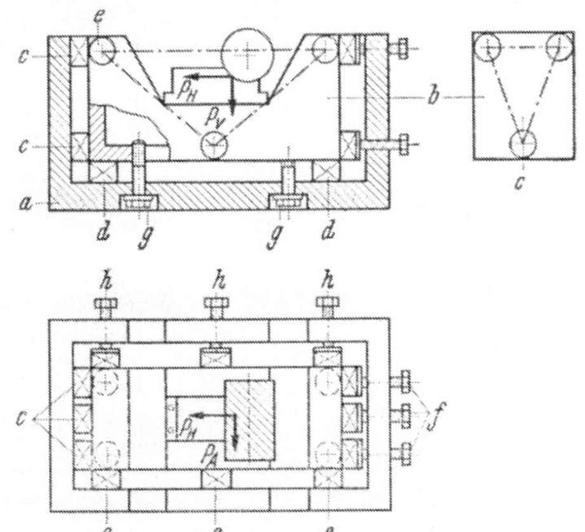

Abb. 53. Aufbau eines Druckmeßtisches zum Messen von Kräften beim Fräsen. (Nach F. Eisele.)
P_H Horizontalkraft; P_V Vertikalkraft; P_A Axialkraft; a Gehäuse; b Werkstückträger; c Meßdosengruppe für P_H; d dgl. für P_V; e dgl. für P_A; f Vorspannungsfedergruppe für P_H; g dgl. für P_V; h dgl. für P_A.

Die statisch richtige Ausführung des Tisches ist vom Erbauer in bezug auf die Kraft- und Momentwirkung nach allen Richtungen untersucht worden. Die Schwierigkeiten werden hier besonders durch die infolge der Vorschubbewegung ständig wechselnden Kraftangriffe und deren Momente bereitet. Abb. 53 zeigt die Anordnung der einzelnen Meßdosen, um die Kraftwirkung in den gewünschten drei Achsrichtungen zu bestimmen. Von Interesse ist hierbei 1. die Kraft in Vorschubrichtung, 2. diejenige senkrecht zum Vorschub nach unten als Senkrechtkomponente und 3. eine waagerechte Kraft senkrecht zur Vorschubrichtung, z. B. in Achsrichtung eines schrägverzahnten Walzenfräsers als Axialkomponente.

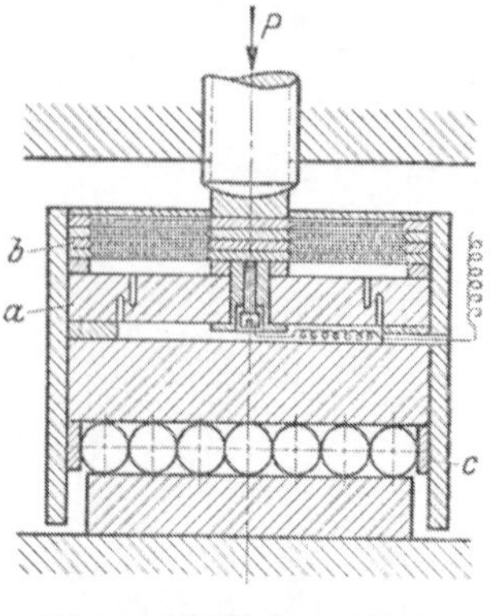

Um diese in verschiedenen Ebenen wirkenden Kräfte messen zu können, ist zum mindesten eine Meßdose in jeder Ebene nötig; da in jeder Ebene aber Momente gemessen werden, sind mehrere Meßdosen in einer Ebene erforderlich.

Beim Entwurf eines solchen vielachsig beanspruchten Werkstückträgers ist eingehend zu untersuchen, welche verwindenden Momente bei der Abstützung des Druckmeßtisches durch die Meßdosen auftreten und welche Rückwirkungen dabei auf die einzelnen Dosen und die der anderen Ebenen von Einfluß sind. In der angeführten Arbeit und in einer kritischen Vorbetrachtung desselben Verfassers (11) über ältere Konstruktionen von Druckmeßtischen mit einfachen Lagerungen des Werkstückträgers zwischen Druckstangen, beweglichen Schwingen oder Waagebalken und Hebeln ist die Problemstellung eingehend bearbeitet worden. Hier interessiert vor allem die Ausführung der eigentlichen Meßdose.

Bei der Behandlung von elastischen Gebern war bereits auf die Entwicklung eines lagerreibungsfreien Gebers der Kraftwirkung nach F. Eisele (Abb. 7) aufmerksam gemacht worden. Ebenso neuartig ist die Lösung der Vorspannungseinrichtungen (Abb. 54), die den Werkstückträger kraftschlüssig an die Meßdosen Abb. 55 drücken und daran halten. Dadurch wird für ihn bei leichter Ausführung in Aluminiumguß die gewünschte hohe Eigenschwingungszahl zum Feststellen schneller Kraftschwankungen erreicht. Er ist zudem in zähes Öl oder Glyzerin eingetaucht und mit Dämpfungstauchblechen versehen (Abb. 56), um eine aperiodische Dämpfung der Eigenschwingung zu erreichen und angefachte Schwingungen schnellstens zu unterdrücken. Dadurch ist eine ausreichende Durchbildung des einen Hauptteiles des Schnittkraftmeßtisches, des Werkstückträgers, auch nach dynamischen Gesichtspunkten durchgeführt.

Durch die Zusammenfassung mehrerer Meßdosen einer Ebene zu einer Gruppe und Übertragung ihrer gesamten Meßleistung auf einen Empfänger müssen nun die zusammengehörenden Meßdosen genauestens aufeinander abgestimmt sein. Die Eichkurven jeder Dose einer Gruppe müssen geradlinig und vollständig gleichwertig sein, da man eine algebraische Summe aus den Teildrücken auf jede Dose bilden will, um mit nur einem Empfänger für eine Schnittdruckkomponente auszukommen. Diese einfache Summenbildung ist zulässig, weil sich der Gesamtdruck auf die einzelnen Meßdosen im umgekehrten Verhältnis der Abstände der Meßdosen von dem Kraftangriffspunkt oder der -linie des Werkzeuges auf die Teildrücke verteilt. Es müssen deshalb die Federwege jedes Meßdosengebers einer Gruppe bei gleicher Belastung den gleich großen Wert aufweisen. Die Meßdosengeber müssen durch mechanische Bearbeitung angepaßt und die federnden Vorspannungseinrichtungen auf die gleiche Vorspannung eingestellt werden, wie es bei der Ausführung durch eine elektrische Kontakteinrichtung auch vorgesehen ist. Bei den zahlreichen Meßdosen und Vorspannfedern ist es erklärlich, daß der Schnittkraftmeßtisch nur mit ausreichender Sachkenntnis bedient werden kann. Aber auch alle anderen Verfahren einer vielachsigen Druckmessung mit

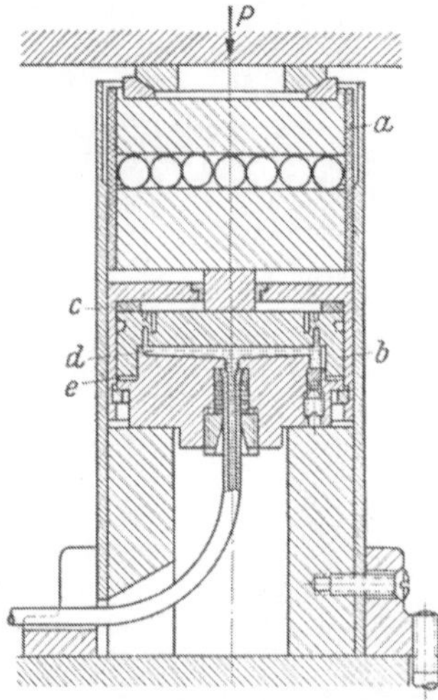

Abb. 54. Schnitt durch eine der Vorspannungs-Federeinrichtungen, bestehend aus Federplatten, elektrischer Kontakteinrichtung zur Regelung des Vorspanndruckes, Druckkugellager usw. (Nach F. Eisele [11].) *a* Hilfsfederplatte; *b* Vorspannungsfedern; *c* Gummiring.

Abb. 55. Schnitt durch eines der Meßdosenaggregate, bestehend aus Meßdose, Druckkugellager, Unterlage, Hülse usw., welche zur Messung der Längs- und Senkrechtkomponente im Druckmeßtisch eingebaut sind. (Nach F. Eisele [11].) *a* Gummischlauch; *b* Federplatte; *c* Ringfeder; *d* Hohlraum mit Quecksilber gefüllt; *e* Zwischenraum.

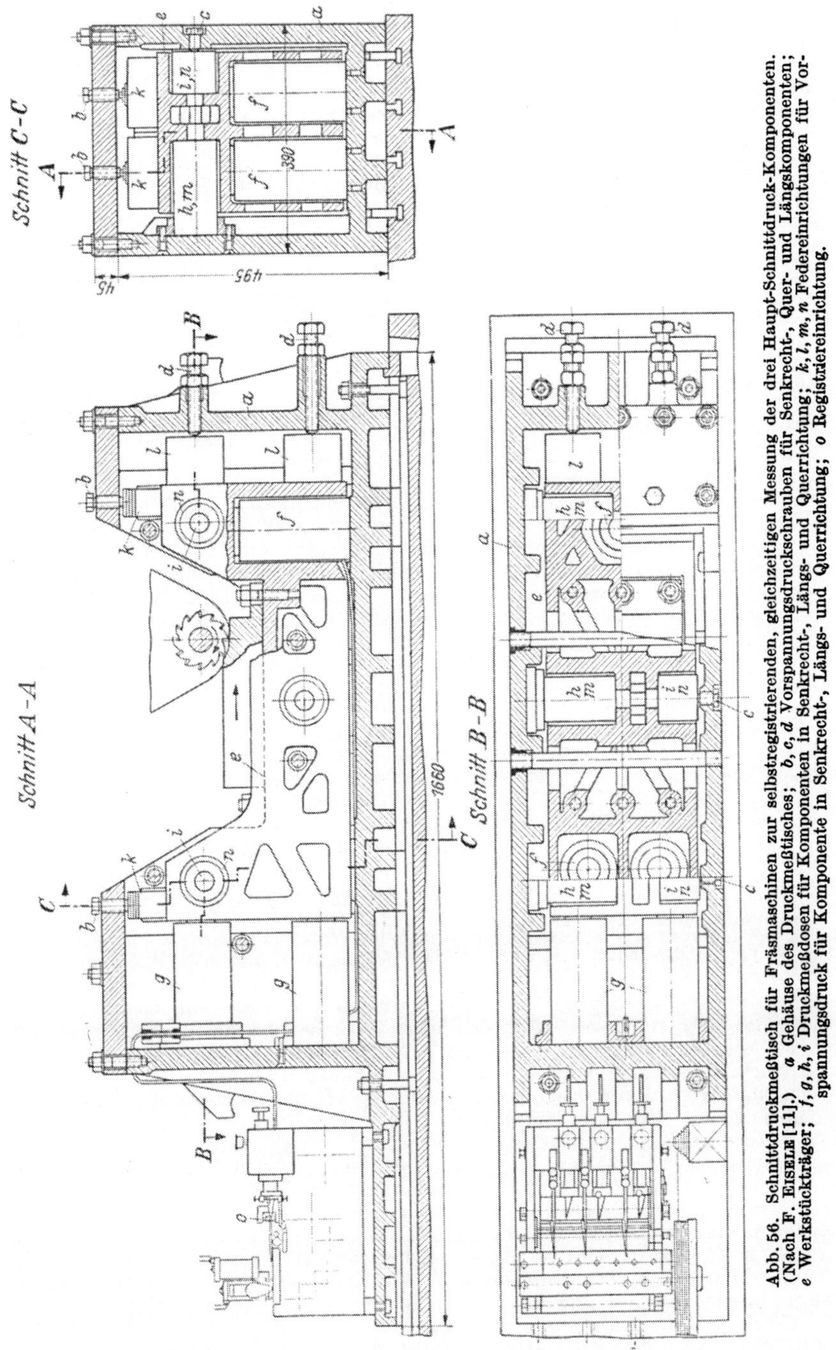

Abb. 56. Schnittdruckmeßtisch für Fräsmaschinen zur selbstregistrierenden, gleichzeitigen Messung der drei Haupt-Schnittdruck-Komponenten. (Nach F. Eisele [11].) *a* Gehäuse des Druckmeßtisches; *b, c, d* Vorspannungsdruckschrauben für Senkrecht-, Quer- und Längskomponenten; *e* Werkstückträger; *f, g, h, i* Druckmeßdosen für Komponenten in Senkrecht-, Längs- und Querrichtung; *k, l, m, n* Federeinrichtungen für Vorspannungsdruck für Komponente in Senkrecht-, Längs- und Querrichtung; *o* Registriereinrichtung.

mehreren Meßdosen in einer Ebene verursachen diese Schwierigkeit einer gleichmäßigen Abstimmung, da auch sie zur Summenbildung der Kraftwirkung auf eine Meßdosengruppe genauestens abgeglichen sein müssen.

Die Volumenänderungen der hydraulischen Meßdosen wurden über Leitungen auf schreibende Druckindikatoren übertragen, deren Empfindlichkeit für die vorgesehenen Messungen ausreichte. Die Ergebnisse brachten aufschlußreiche Erkenntnisse über den Ablauf des Fräsvorganges, die Größe der einzelnen Schnittkraftkomponenten, die Einflüsse von Schnittgeschwindigkeit, Vorschub, Schnittiefe und andere Schnittbedingungen.

Für weitere Aufgabenstellungen über den Fräsvorgang ist es zweckmäßig, einige Forderungen aufzustellen und günstigere Lösungen anzugeben. Man darf dabei aber nicht vergessen, daß wohl gerade der Bau eines solchen Schnittkraftmeßtisches ein außerordentlich schwieriges Problem darstellt und bereits eine Summe von Erfahrungen erfordert. An wichtigen Punkten wären zu nennen:

1. Die großen Federwege der hydraulischen Meßdose haben einen so erheblichen Einfluß auf die Kraftwirkung an der gleichen wie auf die übrigen Meßdosen, daß ihr wirklicher Betrag nicht sicher und einwandfrei erfaßt werden kann. Selbst bei starrer Ausführung des Meßtischgehäuses und Werkstückträgers wird die elastische Verformung der Teile noch Beträge annehmen, die weder rechnerisch noch meßtechnisch bei den vielfältigen Kraftrichtungen des unter Schnitt stehenden Werkzeuges ein zu überblickendes Bild ergeben. Deshalb müssen die Federwege der Dosen so klein wie möglich gehalten werden, wofür einzelne elektrische Druckmeßverfahren eine gute Lösung bieten.

2. Bei den großen Abmessungen des Druckmeßtisches und den vorhandenen Massen geht die Beschleunigungskraft bereits in das Meßergebnis ein. Eine Steigerung der Meßgenauigkeit wird deshalb nur mit solchen Verfahren erreichbar sein, die einen wie auf S. 47 beschriebenen Massenausgleich ermöglichen.

3. Wie aus dem beigefügten Gesamtbild des Druckmeßtisches (Abb. 56) ersichtlich ist, sind die Empfänger als Druckindikatoren an den Druckmeßtisch unmittelbar angebaut. Die Abmessungen des Meßtisches werden dadurch reichlich groß, besonders für Untersuchungen an kleinen Fräsmaschinen. Auch kann eine Beeinflussung des Empfängers durch Schwingungen des Fräsmaschinentisches eintreten. Daher bieten die elektrischen Meßverfahren durch die Trennung von Geber und Wandler vom Empfänger wesentlich günstigere Lösungen.

4. Der Schnittkraftmeßtisch muß so eingerichtet sein, daß auch Fräsarbeiten bei Anwendung von großen Kühlflüssigkeitsmengen untersucht werden können. Gerade hierin muß eine durchgreifende Weiterentwicklung des Entwurfes vorgenommen werden. Eine ausreichende und den Meßvorgang nicht störende Abdichtung aller wichtigen Einzelteile mit federnden Gummimanschetten und -platten ist jedoch leicht möglich.

29. Pneumatische Schnittkraftmesser nach E. SACHSENBERG und Mitarbeitern. Im Versuchsfeld für Werkzeugmaschinen der Technischen Hochschule Dresden sind Schnittkraftmeßgeräte mit pneumatischen Druckdosen vor Jahren verschiedentlich bei Zerspanungsmessungen an Werkstoffen mit mäßig hohen und kleinen Schnittwiderständen verwendet worden. Auch an ihnen kann die Aufhängung des Werkzeugträgers oder Werkstückträgers zur Erzielung eines Meßweges in ähnlicher Weise wie bei den vorbeschriebenen Beispielen beobachtet werden. In der Einzelausführung interessieren sie nicht mehr, da sie gegenüber den heute verfügbaren Schnittkraftmessern anderer Bauart außerordentlich großräumig ausfallen. An bildlichen Darstellungen und Beschreibungen in Versuchsberichten fällt auf, daß stets Sondereinrichtungen für den jeweiligen Untersuchungsfall geschaffen wurden, weil eine laufende Weiterentwicklung der Übertragungsglieder und wichtiger Teile erforderlich war.

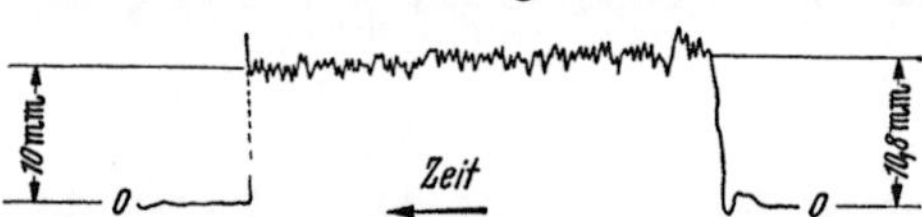

Abb. 57.   Schnittdruckaufzeichnung mit pneumatischer Übermittlung der Geberwirkung. (Nachgezeichnet nach E. SACHSENBERG u. W. OSENBERG: Z. VDI Bd. 76 [1932] S. 263.)

An einer zeichnerischen Auftragung der Schnittkräfte (Abb. 57) kann der Einfluß der erwähnten adiabatischen Druckänderung (S. 21) einer pneumatischen Druckdose nachgewiesen werden. Es wurde ein willkürliches Beispiel herausgegriffen: Das stetige Sinken der Schnittkraft nach Erreichen einer Größtschnittkraft beim Anschnitt zeigt eine Abkühlung der den Geberweg übermittelnden Luftsäule an; durch die Leitung wird die Wärme langsam abgeführt, bis ein mittlerer Zustand erreicht ist. Diese wärmetechnische Abhängigkeit der Meßanzeige entzieht in Verbindung mit Störungsanfälligkeiten anderer Art diesem pneumatischen Meßverfahren jene Sicherheit und einfache Zuverlässigkeit, die man bei Schnittkraftmessern für werkstattmäßige Zerspanungsvorgänge verlangen muß.

30. Einfache mechanische Schnittkraftmesser. In der Absicht, teuere oder umständlich bedienbare Schnittkraftmesser zu umgehen, wurden von Zeit zu Zeit vereinfachte mechanische Schnittkraftmesser hergestellt. Ein solches Gerät gemäß Abb. 58 bauten O. W. BOSTON und C. E. KRAUS (54) und benutzten es zu Messungen der Hauptschnittkraft bei kleinen Spanquerschnitten. Die Genauigkeit der Meßwertanzeige kann kaum als hinreichend bezeichnet werden, weil man infolge der Trägheit und der großen Verstellkräfte der Meßuhr immer nur eine Mittelstellung des zitternden Zeigers ablesen kann. Eine häufig erwünschte selbsttätige Aufzeichnung des Meßwertes kann nicht erfolgen. Weiter bedeutet der ablaufende Span eine Gefahr für die Meßuhr und die beweglichen Teile, sobald der Span größere Abmessungen annimmt. Die Längsfeder wird bei ihrer Durchbiegung gleichzeitig durch die Vorschubkraft beansprucht, was bei einer statischen Eichung nur unzureichend berücksichtigt werden kann. Es müßte nämlich für jede Vorschubkraftgröße die entsprechende Durchbiegung der Feder unter einer aufgebrachten Eichkraft ausgemessen werden. Bei der Durchführung einer Messung müßte dann die Vorschubkraft konstant und bekannt sein (was durchaus nicht der Fall ist), um eine der zahlreichen Eichkurven bei verschiedenen Vorschubkräften verwenden zu können.

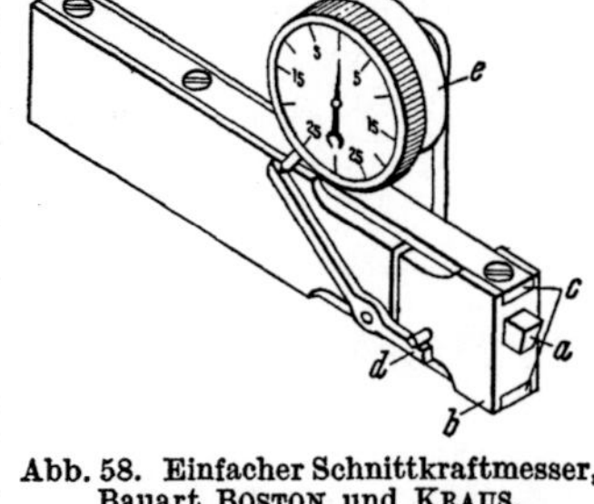

Übrigens gibt es auch listenmäßig hergestellte mechanische Kraftmesser für Walzdrücke usw., die für einen Schnittkraftmesser nur etwas umgebaut zu werden brauchten. Sie verwenden z. B. als elastischen Geber eine elastische Masse (Bauart Erichsen, Berlin-Teltow [55]), deren Formänderung in geeigneter Weise auf einen Fühlhebel oder eine Meßuhr übertragen wird. Aber auch für diese

Abb. 58. Einfacher Schnittkraftmesser, Bauart BOSTON und KRAUS.
a Drehmeißel; *b* Drehzahnhalter; *c* Längsfeder; *d* Auslenkhebel; *e* Meßuhr.

Anordnungen mit mechanischem Empfänger gilt die kurze Aufzählung der obigen grundsätzlichen Nachteile.

S. F. ERICHSEN (65) entwickelte einen mechanischen Schnittkraftmesser für die Hauptschnitt- und Vorschubkraft (Abb. 58a), bei welchem die den Meißel aufnehmende Meißel-

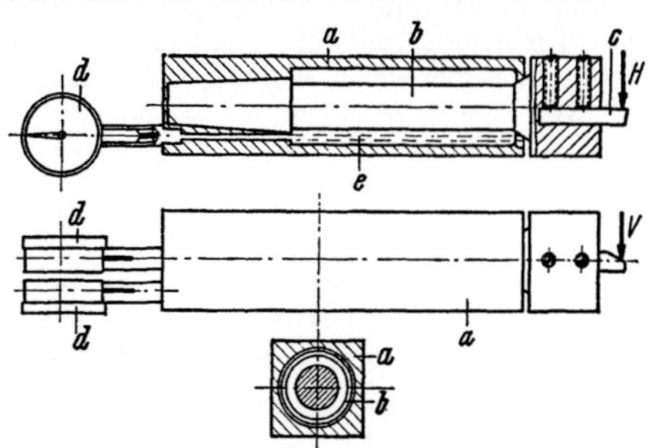

wiege gleichzeitig der elastische Geber ist. Dieser ist ein im Gerätgehäuse *a* an einem Ende fest eingespannter Dorn *b*, der am anderen Ende durch die hier am Meißel *c* angreifende Hauptschnitt- und Vorschubkraft elastisch durchgebogen wird. Die Durchbiegung bewirkt eine Verkürzung der Randfasern des Wiegendornes *b*, welche in zwei senkrecht zueinanderstehenden Ebenen als Meßweg mit zwei Meßuhren *d* ausgemessen wird. Zu diesem Zwecke liegen die beiden verlängerten Fühlstifte *e* der Meßuhren mit feinen Schneiden an einer Kegelfläche des sich verbiegenden Dornes an. Die horizontale und vertikale Lageveränderung der Kegelfläche wird somit in eine horizontale Längsbewegung der Fühlstifte (Verhältnis 1 : 2 bis 1 : 3) umgelenkt.

Abb. 58a. Mechanischer Schnittkraftmesser von SVEN F. ERICHSEN.
a Gerätgehäuse; *b* Dorn; *c* Meißel; *d* Meßuhren; *e* Fühlstifte.

Der Meßvorgang ist bei der bekanntgegebenen Gestaltung nicht einwandfrei; die Kegelfläche am Wiegendorn muß vielmehr eine zu den einzelnen Schnittkraftrichtungen gleichlaufende gerade Fläche sein. Es greift nämlich die Fühlstiftschneide einer Ebene infolge ihrer Anlage an einem Kreis verschieden an, wenn die Kraft in der anderen Ebene geändert wird, so daß das Meßergebnis nicht einwandfrei sein kann. Prüf- und Meßergebnisse mit dem Gerät sind nicht bekannt geworden.

31. Mechanischer Schleifmeßtisch nach M. COENEN. Beim Flachschleifen wurden mit der verhältnismäßig einfachen Einrichtung nach Abb. 59

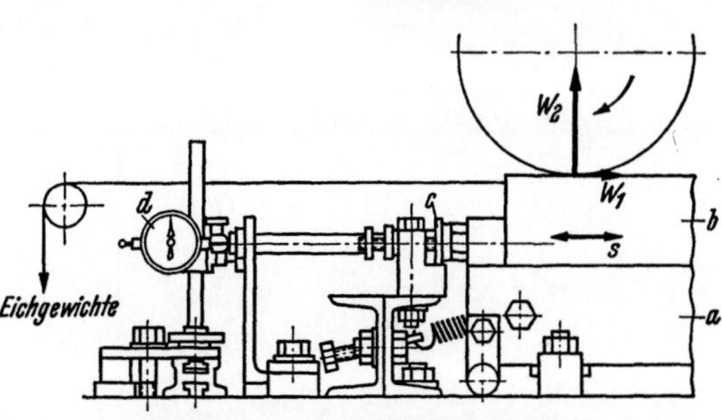

Abb. 59. Einkomponenten-Schleifmeßtisch. (Nach M. COENEN: Masch.-Bau/Betrieb Jg. 11 [1932] S. 450.)
a Werkstückträger; *b* Werkstück; *c* Geber; *d* Meßuhr; W_1 Schleifwiderstand; W_2 Anpreßkraft.

die Schleifwiderstände in waagerechter Richtung gemessen (56). Der Schleifmeßtisch ist mit Rollen auf dem Maschinentisch gelagert und gegen einen Federbalken abgestützt, dessen Durchbiegung ausgemessen wird. Eine Schraubenfeder stellt die dauernde Anlage sicher.

Mit Hilfe einer vereinfachenden Annahme werden die Reibungskräfte des auf dem Maschinentisch beweglichen Werkstückträgers, die durch die Anpreßkraft W_2 der Schleifscheibe und das Eigengewicht entstehen, in das Meßergebnis einbezogen. Die senkrecht wirkende Anpreßkraft soll danach doppelt so groß sein wie der waagerecht wirkende Schleifwiderstand. Aus einer statischen Eichung ohne und mit auf den Schleiftisch aufgelegten Gewichten (= Anpreßkraft und Werkstück) wurde ein mittlerer Reibungsbeiwert der Bewegung des Meßtisches auf dem Maschinentisch errechnet und danach etwa 5% (= Reibungswiderstand) zum Meßwert der Meßuhr (= Schleifwiderstand — Reibungswiderstand) zugeschlagen.

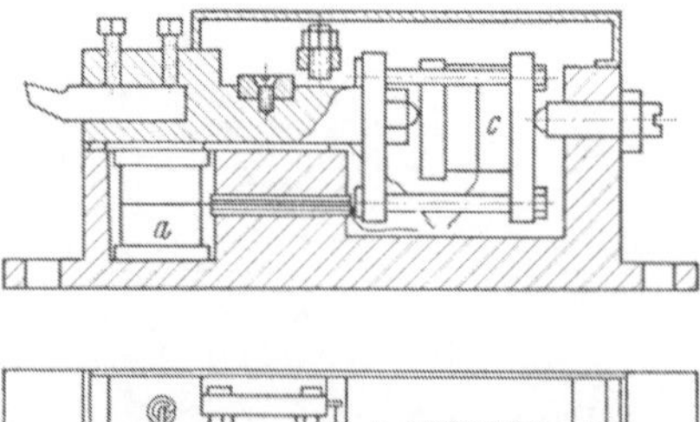

Abb. 60. Eichkurven der Meßeinrichtung nach Abb. 59. (Nach M. COENEN: Masch.-Bau/Betrieb Jg. 11 [1932] S. 450.)

Die Eichkurve (Abb. 60) gestattet die Umwertung der Meßuhranzeige für die zahlenmäßige Bestimmung des Schleifwiderstandes. Zwischen den beiden bekanntgegebenen Eichkurven liegt die eigentliche Eichkurve, die der jeweiligen senkrechten Belastung des Schleiftisches bei verschiedenen Schleifwiderständen entspricht und hier nachgetragen wurde. Ihre Werte wären eigentlich für die veröffentlichten Versuchsergebnisse (56) auszuwerten gewesen. Aber auch wegen der zahlreichen unkontrollierbaren Reibungskräfte in der gesamten Anordnung sind die Meßergebnisse nur annäherungsweise richtig und somit mit denen anderer Meßverfahren für Schleifkräfte nicht vergleichbar.

32. Die Schnittkraftmesser nach M. OKOCHI und M. OKOSHI (Tokio) (57), etwa aus den Jahren 1928/29 stammend, besitzen Druckdosen, die nach dem Piezoverfahren arbeiten. Die Erbauer haben einen Dreikomponenten-Schnittkraftmesser für das Drehen (Abb. 61), einen Schnittkraftmeßtisch für das Fräsen (Abb. 62) und einen Bohrmeßtisch als Bohrdruck- und Drehmomentmesser entwickelt. Dieser Bohrmeßtisch läßt in seinen konstruktiven Eigenarten den praktischen Wert und die Nützlichkeit des Piezoverfahrens gut erkennen.

Mit den Geräten wurden vorwiegend an weichen, leicht zerspanbaren Werkstoffen die Schnittkräfte und spezifischen Schnittdrücke bei kleinen Spanquerschnitten untersucht. Die Meißelwiege in Abb. 61 oder der Werkstückträger in Abb. 62 hängt zwischen den Druckdosen und wird an deren Druckstücken durch Schraubenfedern kraftschlüssig angepreßt.

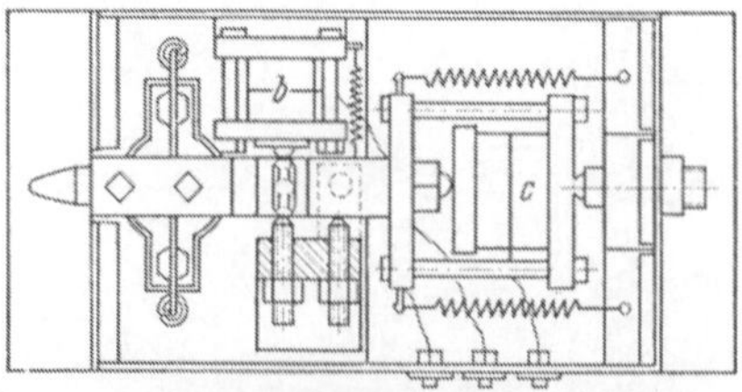

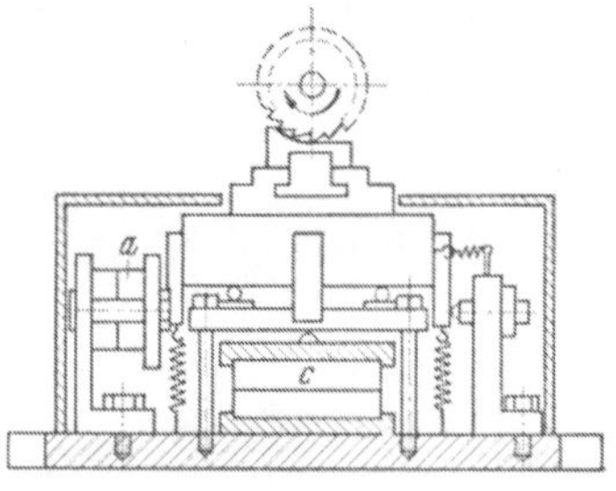

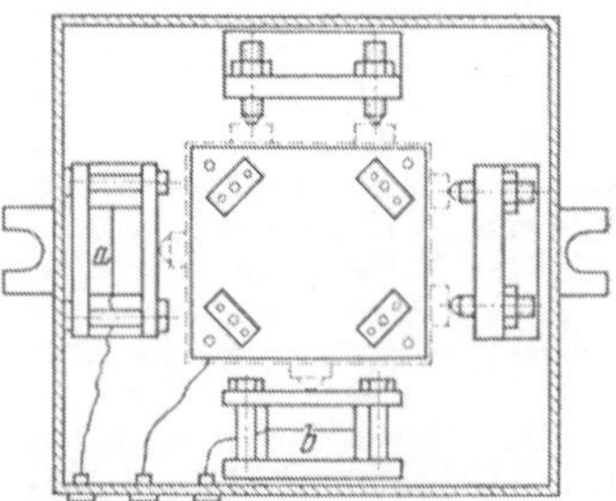

Abb. 61. Dreikomponenten-Schnittkraftmesser (Drehen) nach M. OKOCHI u. M. OKOSHI. (Nach Masch.-Bau Jg. 8 [1929] S. 318.) a, b, c Quarz-Druckdosen für Hauptschnittkraft, Vorschubkraft und Rückkraft.

Abb. 62. Dreikomponenten-Schnittkraftmeßtisch (Fräsen) nach M. OKOCHI u. M. OKOSHI. (Nach Masch.-Bau/Betrieb Jg. 8 [1929] S. 321.) a, b, c Vorschubkraft-, Senkrechtkraft- und Axialkraft-Quarzdruckdose.

Die konstruktive Lösung ist noch verhältnismäßig einfach und grob. Auch die Empfängereinrichtung war noch sehr einfach. Es wurde mit einem einzigen Saitenelektrometer gemessen, so daß die einzelnen Meßdosen beim Meßvorgang hintereinanderfolgend angeschlossen werden mußten. Die Meßwerte der Teilkräfte in den einzelnen Richtungen wurden in Zeitabständen von $^1/_{25}$ s durch eine Sonderkonstruktion in der Empfangseinrichtung optisch aufgetragen; dabei ergibt sich aber kein dem wirklichen Schnittkraftverlauf entsprechendes Bild.

Aufbau aller genannten Schnittkraftmeßgeräte und die gebrauchte Empfängereinrichtung lassen erkennen, daß die Möglichkeiten des Piezoverfahrens mit diesen ersten Entwicklungsgeräten noch längst nicht ausgenutzt sind. Gerade die Vorteile des Verfahrens, seine hohe Empfindlichkeit, seine Trägheitslosigkeit und die Möglichkeit, den Schnittkraftverlauf auch in kleinsten Zeitabschnitten laufend darzustellen, sind in keiner Weise verwertet.

33. Kapazitive Meßeinrichtung nach W. MAUKSCH. W. MAUKSCH (38) hat etwa 1929 erstmalig die elektrische Kondensatormeßdose nach H. GERDIEN in einer verhältnismäßig einfachen Anordnung als Schnittkraftmesser beim Drehen verwendet (Abb. 63). Der Drehmeißel ist an seinem Ende in einer Vorrichtung auf dem Werkzeugschlitten eingespannt und drückt unter der Wirkung der Schnittkraft mit seinem vorderen Ende auf die Kondensatormeßdose. Es wird dabei lediglich die Hauptschnittkraft gemessen. Mit dieser einfachen Ausführung, die für eine ständige Benutzung im Zerspanungsbetrieb allerdings wenig geeignet ist, wurde der Nachweis geführt, daß das kapazitive Verfahren für Schnittkraftmessungen im Versuchsfeld durchaus anwendbar ist. Die grundsätzliche Bauweise mit der Kondensatormeßdose wurde von anderen Versuchsanstellern später übernommen.

34. Bohrdruckmeßtisch mit kapazitiver Meßdose nach H. SCHROPP; Versuchsfeld für Werkzeugmaschinen, Techn. Hochschule München. Die Ausführung eines kapazitiven Schnittkraftmeßgerätes Abschn. 33 ist von H. SCHROPP für die Messung des Axialdruckes beim Bohren verfeinert worden. Die GERDIENsche Meßdose ist in einem Bohrtisch (Abb. 64) eingebaut. Die genaue Nachprüfung (59) der Konstruktion und Ausführung ergab ein einwandfreies Arbeiten des Bohrdruckmeßtisches. Die versuchsmäßig gemessene Eigenfrequenz von 490 Hz zeigte eine gute Übereinstimmung mit der beim Entwurf errechneten. Der Bohrdruckmeßtisch wurde in Verbindung mit einem später beschriebenen Drehmomentmesser (S. 66) verwendet,

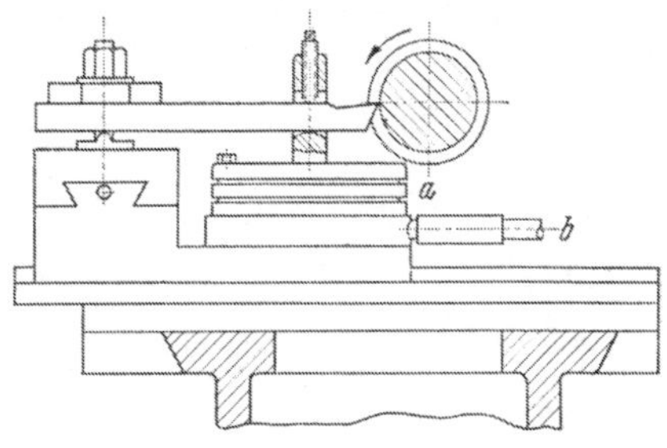

Abb. 63. Kapazitive Meßeinrichtung beim Drehen. (Nach H. GERDIEN u. W. MAUKSCH.) *a* Meßdose; *b* Leitung zum Empfänger.

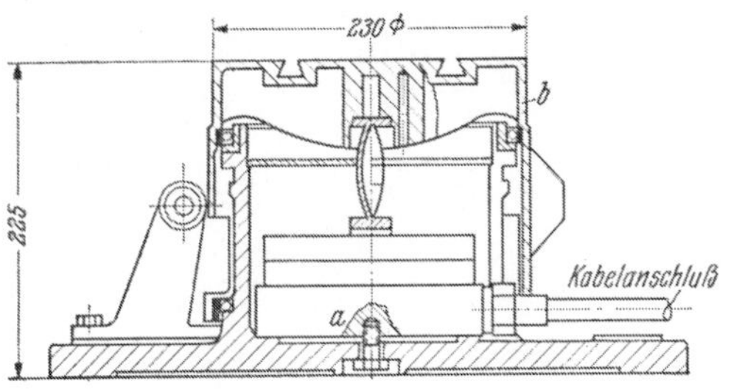

Abb. 64. Bohrdruck-Meßtisch. (Nach H. SCHROPP, Versuchsfeld für Werkzeug-Masch., T. H. München.) *a* Meßdose nach GERDIEN; *b* mit Kugellagern geführter Bohrtisch.

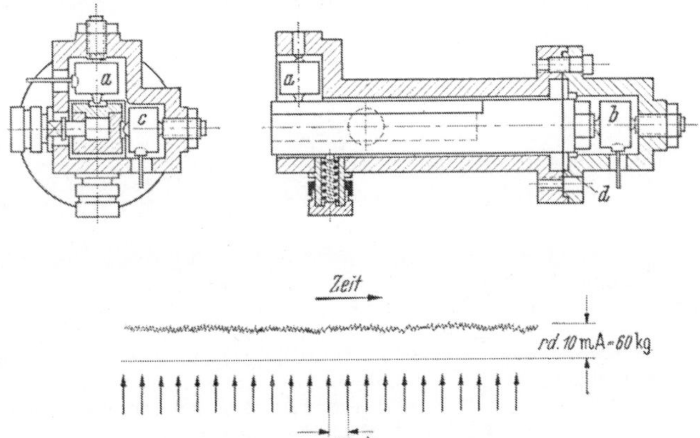

Abb. 65. Dreikomponenten-Schnittkraftmesser mit Halbleitern (Techn. Hochschule Breslau). Kraftverlauf für die Hauptschnittkraft bei Stahl ($40\cdots50$ kg/mm²); $v = 180$ m/min; $a \times s = 1{,}5 \times 0{,}22$ mm²; *a*, *b*, *c* Kohledruckmeßdosen; *d* Stahlmembran.

um Bohrarbeiten an Gußeisen zu untersuchen. Die Handhabung beider Geräte und die Zuverlässigkeit der Arbeitsweise war weitgehend abhängig von der Geschicklichkeit des Versuchsanstellers, was bereits bei der Beurteilung des kapazitiven Verfahrens zum Ausdruck gebracht wurde.

35. Dreikomponenten-Schnittkraftmesser nach K. GOTTWEIN (DRP. 662098); Werkzeugmaschinenlaboratorium der Technischen Hochschule Breslau. Die Messung der

Geberfederung der drei Meßdosen für die drei Schnittkraftkomponenten beim Drehen erfolgt bei diesem Gerät nach dem Verfahren mit festem Halbleiter. Die Meißelwiege nimmt wieder in bekannter Weise den Drehmeißel auf und überträgt die Kräfte auf die drei Meßdosen im Gehäuse. Das hintere Ende der Meißelwiege ist mit Hilfe einer Stahlmembrane im Gehäuse eingespannt; die Membrane läßt aber infolge ihrer geringen Steifigkeit eine leichte Beweglichkeit der Wiege zu, ohne dabei selbst unzulässig einzuknicken. Die Anlage der Meißelwiege an den Meßdosen wird durch Druckschrauben, für die Hauptschnittkraft durch eine Spiralfeder erreicht. Die Strichzeichnung Abb. 65 und die Ansichten des Meßgerätes in einer Druckschrift (58) lassen eine starre Ausführung der Konstruktion erkennen. Von Nachteil ist die offene, freie Wegführung der elektrischen Kabel an der Hauptschnitt- und Vorschubkraftdose im Bereich der abfließenden Späne, wofür aber sicher noch günstigere Lösungen gefunden werden können. Auch ist der große Verbindungsflansch am Einspannschaft des Gerätes hinderlich, um das Gehäuse auf jeder gebräuchlichen Maschine ohne Sonderschlitten aufspannen zu können. Ferner hat auch diese Konstruktion ähnlich den bisher beschriebenen Geräten den Nachteil, daß die Meißelunterkante erheblich höher liegt als die Unterkante des Halterschaftes. Dieser Höhenunterschied überschreitet beträchtlich die bei üblichen

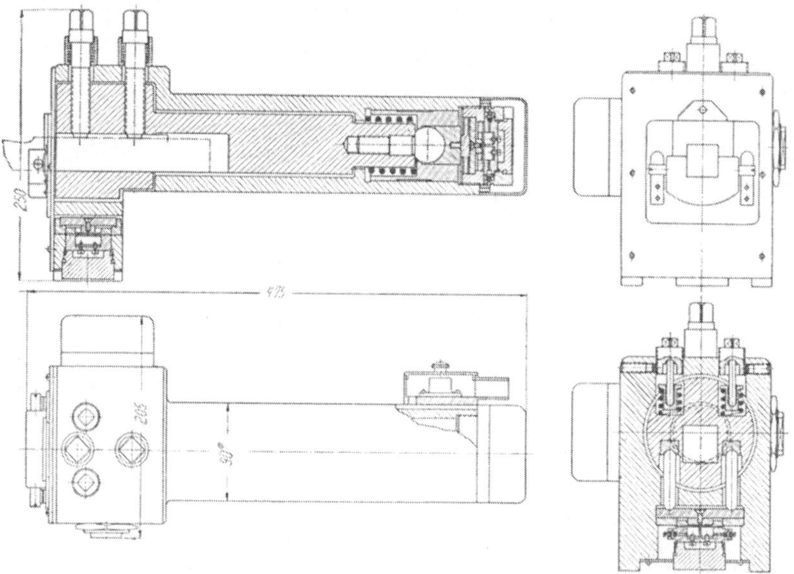

Abb. 66. Dreikomponenten-Schnittkraftmesser mit Halbleiter-Flüssigkeitsmeßdosen.
(Nach A. WALLICHS u. H. OPITZ.)

Drehbänken als sog.. Auflagenentfernung zwischen Spitzenhöhe und Aufspannfläche vorgesehene Strecke. Zur Aufspannung des Gerätes ist daher stets ein Umbau zur Erniedrigung des oberen Werkzeugschlittens erforderlich.

An der mittels eines Schleifenoszillographen gewonnenen Darstellung des Kraftverlaufs der Hauptschnittkraft (Abb. 65 unten) kann man feststellen, daß der Schnittkraftmesser einwandfrei arbeitet und auf kleine Kraftänderungen sichtbar anspricht.

Bei dem dargestellten Meßbeispiel des Drehens von weichem Stahl mit $v = 180$ m/min befindet man sich im Bereich der Fließspanbildung. Die Kraftschwankungen, die mit dem Stauchen, Verformen und Einreißen des Spanelementes sowie den Reibungsschwankungen des ablaufenden Spanes einhergehen, werden durch die Einzelschwingungen, Unwuchten durch eine periodische Welligkeit des Kurvenzuges gut erkennbar aufgezeichnet. Es wurden etwa 150 Schwingungsausschläge je Sekunde aufgezeichnet, wobei das Halbleiterverfahren in der aufzeichnungsfähigen Frequenz noch nicht voll ausgenutzt ist.

36. Dreikomponenten-Schnittkraftmesser nach A. WALLICHS und H. OPITZ mit Halbleiter-Flüssigkeits-Meßdosen; Laboratorium für Werkzeugmaschinen und Betriebslehre, Technische Hochschule Aachen. Diese Konstruktion aus dem Jahre 1930 (Abb. 66) schloß sich an eine von H. SCHÖPKE (13, 53) zuerst ausgeführte Bauweise (Abb. 52b) an, bei der die Meißelwiege in der hinteren Rückkraftmeßdose in einem Kugelgelenk gelagert war. Durch die Anwendung der Halbleiter-Flüssigkeitsmeßdose ergibt das Gerät erstmalig die für neuzeitliche Schnittkraftmesser kennzeichnend gewordene handliche Form eines sog. „Meß-stahlhalters", der infolge seiner günstigen Abmessungen auf jeden Werkzeugschlitten größerer Drehbänke, bei Sonderausführungen auch auf kleinere Drehbänke und Automaten ohne weiteres aufgespannt werden kann.

Die Kräfte und Meßwege werden in ähnlicher Weise durch Abstützung der Meißelwiege mit Stelzen aufgenommen und weitergeleitet wie bei dem hydraulischen Gerät. Seit etwa 1934 werden statt der im Werkstatt-betrieb unzuverlässigen Halbleiter-Flüssig-keits-Meßdose Induktionsmeßdosen angewandt (Abschn. 38). Die Baubei-spiele dieser Aachener Dreikomponenten-Schnittkraftmesser müssen besonders als erste Lösungen genannt werden, einen Überlastungsschutz für empfindliche Werkzeuge einzurichten, um mit einem von der elektrischen Meßdose beeinflußten geringen Strom die Schützensteuerung des Antriebsmotors von Werkzeugmaschinen zum Ansprechen zu bringen (34).

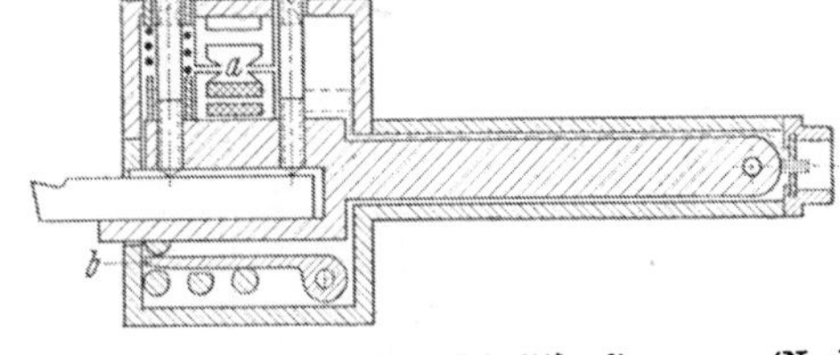

Abb. 67.   Einkomponenten-Schnittkraftmesser. (Nach H. Schallbroch u. H. Schaumann.)   *a* Meßdrossel; *b* federnder Geber.

37. Einkomponenten-Schnittkraftmesser mit induktiver Meßdose nach H. Schall-broch und H. Schaumann. (DRP. 728746). Versuchsfeld für Werkzeugmaschinen, Tech-nische Hochschule München. Der Geber (Federplatte als einarmiger Hebel) der Kraftwirkung in diesem Schnittkraftmesser wurde bereits als Geberform mit mehreren Meßbereichen auf S. 13 und in Abb. 9 behandelt. Der Gesamtaufbau ist in Abb. 67 dargestellt. In ihm wurden bestimmte Anforderungen an einen allseitig verwendbaren Schnittkraftmesser erfüllt, die von den älteren Konstruktionen noch nicht erreicht waren.

Die Meßdosen des Schnittkraftmessers arbeiten nach dem induktiven Verfahren. Durch die umschaltfähige Geberform wird ein umfangreicher Meßbereich er-zielt. Bei einer Belastung von 0,05 kg kommt bereits eine Anzeige zustande, während die beim jetzigen Baumuster gewählte Höchstbelastung des Gebers von rd. 500 kg durch Wahl einer dicke-ren Plattenfeder auf ein Mehrfaches ge-steigert werden kann. Jetzt ist der Meß-bereich schon größer als 1 : 10000, was bislang bei keinem bekanntgewordenen Meßgerät mit gleicher Zuverlässigkeit und ähnlichem, geringem Aufwand er-reicht wurde. Dadurch kann z. B. bei Stählen höherer Festigkeit der weite Be-reich untersucht werden, der zwischen einem Schlicht-Spanquerschnitt mit etwa

Abb. 68.   Aufspannung eines Schnittkraftmessers auf einer Drehbank.

$0,1 \times 0,5$ mm² bis zum Schrupp-Spanquerschnitt von $3,0 \times 0,5$ mm² liegt.

Eine gedrängte, für die Werkstatt geeignete Bauweise erlaubt, das Gehäuse ohne weiteres auf den gewöhnlichen Oberschlitten jeder Drehbank aufzuspannen (Abb. 68). Der Querschnitt des Gehäuseschaftes beträgt 50×50 mm². Die Meißelwiege ist am hinteren Ende des Gehäuses um einen waagerechten Bolzen schwingend gelagert und stützt sich vorn auf den Geber ab. Die seitlichen Beanspruchungen durch Vorschubkräfte werden über eine Reihe Kugeln, die zwischen gehärteten Bahnen liegen, auf die Seitenwände des Vorderteiles weitergeleitet.

Zwei verschiedene mechanische Meßbereiche des Gebers werden mit einem der beiden abgeflachten Bolzen eingestellt, die zur Abstützung der Federplatte dienen; der vordere, volle Bolzen (Abb. 67) ist der Überlastungsschutz für die Federplatte. Deren größte Durch-biegung wird beim Überschreiten der Höchstlast durch die Auflage des Gebers auf diesem Sicherungsbolzen begrenzt. Hat man z. B. den niedrigen Meßbereich für kleine Kräfte ein-gestellt, weil man die Schnittkraft bei einem angesetzten Meßvorgang in der entsprechenden Höhe vermutete, so kann doch unerwartet eine viel höhere Kraft auftreten, wodurch der Geber ohne Sicherung durch eine bleibende Formänderung beschädigt würde. Die unver-meidlichen Folgen wären falsche Anzeigen und Änderung der Eichkurven.

Ein beachtlicher anwendungstechnischer Fortschritt ist in der Anlage des elektrischen Empfängers erreicht worden, dessen Aufbau und Wirkungsweise in Abschn. 22 beschrieben wurde. Er hat in seinem Anzeigegerät (Milliamperemesser) drei Empfindlichkeitsstufen und kann damit auch kleinere Meßwerte mit hoher Genauigkeit anzeigen. Die gewählte Kompensationsschaltung (Abb. 49 und S. 33, 42···46) gestattet sogar ohne Verstärker oder Röhre einen gebräuchlichen Tintenschreiber zu betreiben, der bei groß gewählter Papiergeschwindigkeit ein eindrucksvolles Bild vom Schnittkraftverlauf sogleich während des Schnittes vermittelt. Dies ist für viele Beobachtungen während des Schnittes wichtig und günstiger als eine Aufnahme mit dem Schleifenoszillographen, weil dessen Photopapier erst entwickelt werden muß, währenddem die unmittelbare Vergleichbarkeit zwischen Schnittvorgang und Kraftaufzeichnung verlorengegangen ist. Bei Aufzeichnung des Kraftverlaufes (Abb. 69) sind kleine Schnittkraftschwankungen noch gut erkennbar.

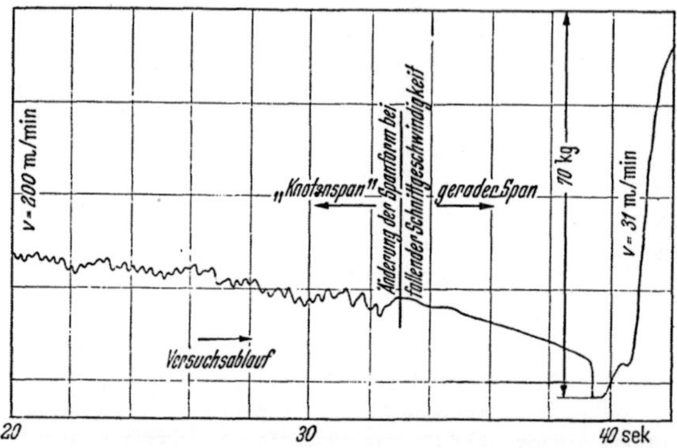

Abb. 69. Aufzeichnung des Schnittkraftverlaufes, gemessen mit Schnittkraftmesser. (Nach H. SCHALLBROCH u. H. SCHAUMANN.) Werkstückstoff Reinaluminium, $a \times s = 1 \times 0,21$ mm².

Für die Werkstatt und auch für das Versuchsfeld ist es von Vorteil, daß der Empfänger ohne Verstärker arbeitet; dadurch entfallen teuere Einrichtungen wie Röhren, die sich abnutzen, und andere Einzelteile der hochfrequenten Verstärkung schwacher elektrischer Ströme. An zwei Eichkurven (Abb. 70) für zwei verschiedene Meßbereiche ist die hohe Empfindlichkeit der Gesamtanlage zu ersehen, insbesondere die hohe Anfangsempfindlichkeit im größten Meßbereich. Eine mechanische Hysterese ist so gut wie nicht vorhanden. Beim Eichen wird der Meißel durch einen Stahlstab ersetzt, den man durch angehängte Gewichte oder über einen Kraftmesser belastet; dabei sind Eichhebelarm und wirksame Meißellänge gleich groß. Die Eichwerte sind erfahrungsgemäß beständig, die Eichung kann zudem sehr leicht wiederholt werden.

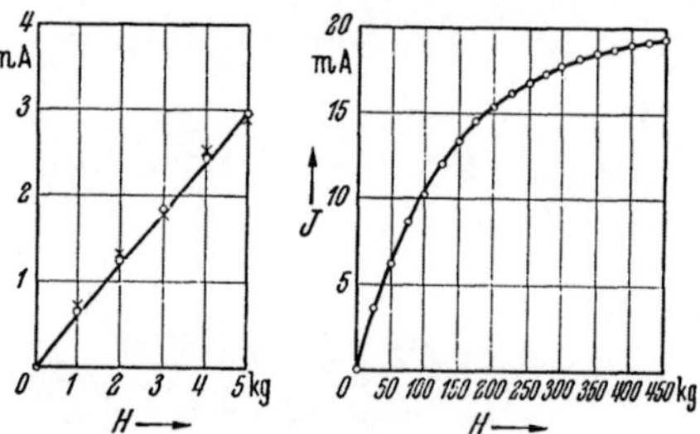

Abb. 70. Eichkurven des Schnittkraftmessers: a) empfindlicher Meßbereich (3 mA); b) unempfindlicher Meßbereich (20 mA). H Hauptschnittkraft; J angezeigte Stromstärke.

Die Bedienung des Schnittkraftmessers und Empfängers ist sehr einfach. Die Auswertung der Meßergebnisse verlangt dagegen, wie bei allen anderen Geräten, den geübten Blick und die kritische Urteilsfähigkeit des Versuchsingenieurs.

38. Dreikomponenten-Schnittkraftmesser mit induktiven Meßdosen nach H. OPITZ, Laboratorium für Werkzeugmaschinen und Betriebslehre, Technische Hochschule Aachen. DRP. 586489. Dieser listenmäßig gefertigte Schnittkraftmesser (Hersteller: Schieß AG., Düsseldorf) ist die weitere Entwicklung des von der gleichen Firma früher listenmäßig gebauten Gerätes Abschn. 36. Der konstruktive Aufbau und die wichtigen Einzelteile (Geber, Kugelgelenk, Stelzen) sind übernommen worden und haben sich bewährt. Der elektrische Wandler des Meßweges ist hier an Stelle der Halbleiter-Flüssigkeitsdose eine Doppeldrossel (Abb. 36), bei der die Gegeninduktivität durch die Verschiebung des Eisenschlußstückes geändert wird (60).

Die gute Bewährung des Gerätes, das für Hauptschnittkräfte von 1···5 t gebaut wird, geht aus den zahlreichen Schnittkraftmeßergebnissen hervor, die von H. OPITZ und seinen Mitarbeitern in den letzten Jahren laufend veröffentlicht wurden. Auch in den Prüfabteilungen der Werkstättenbetriebe hat das Gerät inzwischen vielfach Eingang gefunden.

39. Einbauvorschlag für eine magnetoelastische Meßdose. Das Ergebnis der kritischen Betrachtung der zur Zeit zur Verfügung stehenden elektrischen Verfahren einer Schnittkraftmessung und besonders die Rückschlüsse für eine Geräteauswahl (S. 46) legen es nahe, den Einbau einer normalen, listenmäßigen magnetoelastischen Meßdose in einem Schnittkraftmesser zu überlegen und vorzuschlagen. Diese Meßdose hat neben dem kleinen Meßweg den Vorteil, daß bei ihr durch die Verwendung des Drosselkernes als Geber ein dem Geber des induktiven Verfahrens entsprechendes Bauteil vollständig wegfällt. Die konstruktive Aufgabe ist dadurch in mancherlei Hinsicht erleichtert, was an einem Einkomponenten-Schnittkraftmesser aufgezeigt werden soll.

Der mechanische Aufbau des Gerätes (Abb. 71) ist nach der bewährten Anordnung (Abb. 67) von H. SCHALLBROCH und H. SCHAUMANN durchgeführt. Die Schnittkraft an der Meißelspitze wirkt über eine Meißelwiege auf die obere Fläche einer magnetoelastischen Druckdose (Abb. 43). Die Meißelwiege ist am hinteren Ende des Gehäuses auf einem Bolzen gelagert, vorne zwischen nachstellbaren Nadellagern seitlich festgelegt und durch Federspannung von oben gegen freie Schwingungen gesichert. Das Kabel zum Empfänger wird am Schaftende herausgeführt. Der Schnittkraftmesser hat einen Schaftquerschnitt von 100×85 mm² und wird unmittelbar auf den üblichen Oberschlitten aufgespannt. Dabei liegt die Meißelunterseite etwa 2 mm über der Supportoberkante, also nur so viel, daß man die zur Handhabung notwendige Länge des Drehmeißels auch unterbringen kann. Der größte einspannbare Meißelschaftquerschnitt von 30×30 mm² gestattet den erwähnten großen Spanquerschnitt von 30 mm² ohne weiteres zu beherrschen. Soll auch die Vorschubkraft gleichzeitig gemessen werden, so muß in einem Sondergerät das entsprechende seitliche Nadellager durch eine weitere Meßdose ersetzt werden.

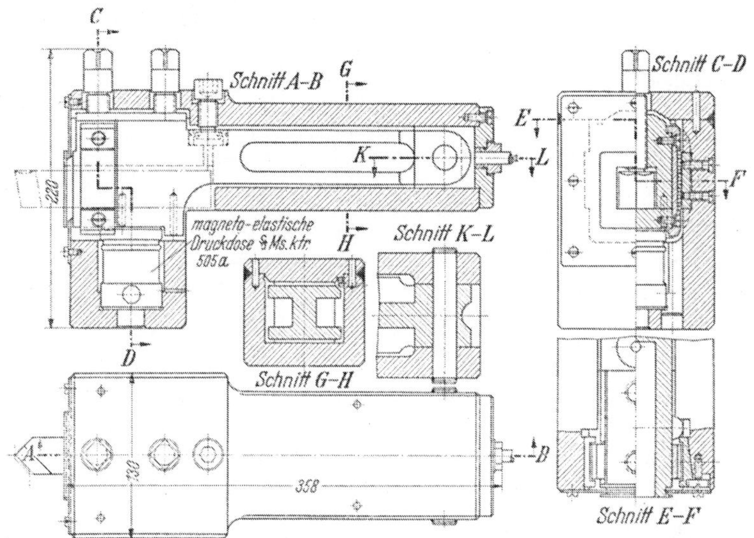

Abb. 71. Einkomponenten-Schnittkraftmesser für 5000 kg mit magnetoelastischer Meßdose.

Infolge der kleinen Meßwege der magnetoelastischen Druckdose ergibt sich für das ganze Gerät eine große Steifigkeit. Daher werden die Einflüsse auf das Meßergebnis durch Schwingungserscheinungen des Stahlhalters, die von der Maschine oder dem Arbeitsgang herrühren, bedeutend herabgemindert. Darüber hinaus wird auch die Gefahr des Auftretens von Schwingungen überhaupt geringer sein als beim induktiven Verfahren mit seinem größeren Geberweg; eine Resonanz mit der schwingenden Beanspruchung des Werkzeuges ist nicht zu befürchten, ebenso nicht, daß z. B. sehr spröde Werkzeugschneiden, etwa aus Sonderhartmetallen, Sinterkorund usw., während des bei der Kraftmessung ausgeführten Schnittvorganges kleine Ausbröckelungen oder sonstige Veränderungen erleiden.

40. Einkomponenten-Schnittkraftmesser auf Staudruck-Grundlage. Die von Längenmessungen her bekannte (49a, 49b) Anordnung von zwei Düsen zur Messung der Druckänderung strömender Luft wurde in ein Schnittkraftmeßgerät nach H. SCHALLBROCH und H. SCHAUMANN eingebaut. Dabei beeinflußte der in bekannter Weise gelagerte Geber (Abb. 8) den Luftaustrittsquerschnitt der Meßkammer, so daß die Durchbiegung des Gebers unter der Schnittkraft sich in der Änderung des Kammerdruckes äußert, die durch ein Meßgerät mit Bourdonfeder angezeigt wird.

Probeweise mit dieser Meßart betriebene Geräte haben eine sehr gute Meßempfindlichkeit und zuverlässige Meßanzeige bewiesen, es ist daher bestimmt zu erwarten, daß mit dieser Bauart, deren serienmäßige Anwendung vorbereitet wird, eine für Schnittkraftmessung vorteilhafte Meßart gefunden wurde, deren Weiterentwicklung noch andere Vorteile verspricht.

B. Drehmoment- und Druckmeßtische.

Drehmoment- und Druckmeßtische werden meist bei der Untersuchung von Arbeitsabläufen und Zerspanungsvorgängen mit umlaufendem Lochbearbeitungswerkzeug beim Bohren, Senken oder Reiben angewendet. Ein Meßtisch für den Axialdruck beim Bohren (Abb. 64) von H. Schropp wurde bereits besprochen. Das vom Werkzeug herrührende Drehmoment wird hierbei lediglich an einer festen Stütze abgefangen. Durch Zwischenschaltung einer Kraftmeßdose kann das Drehmoment aber ebenso einfach gemessen werden wie die Druckkraft in Richtung der Werkzeugachse.

Die hierfür grundlegende Anordnung nach Abb. 72 ist in allen Drehmoment- und Druckmeßtischen zu finden. Das Drehmoment wirkt an einem Hebelarm auf den Geber (aus Symmetriegründen sind meist zwei Meßdosen parallel geschaltet), dessen Verformung als Meßweg auf den Wandler und den Empfänger übertragen wird. Die senkrechte Druckkraft infolge des Werkzeugschubes wird mit einer weiteren unterhalb der Tischsäule angebrachten Druckdose ausgemessen. Die Führungslager

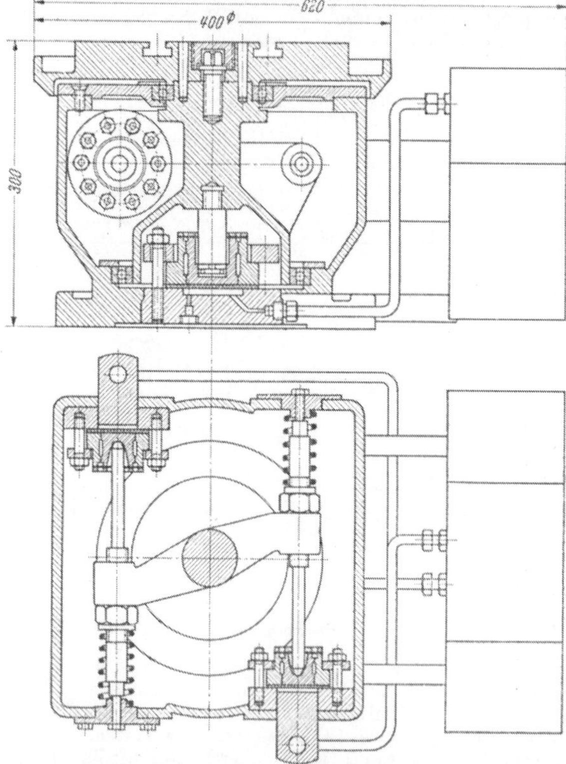

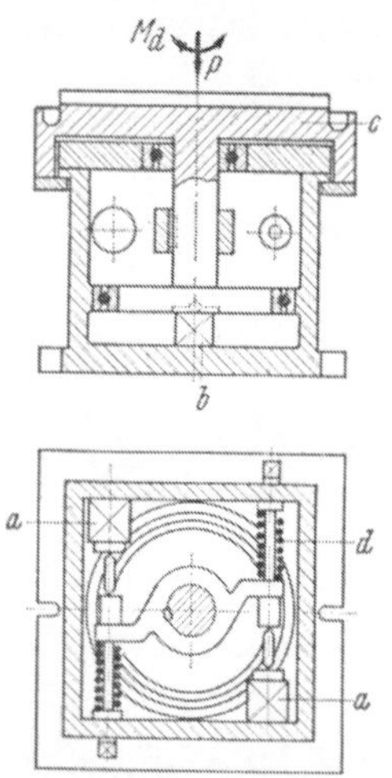

Abb. 72. Grundsätzlicher Aufbau eines Drehmoment- und Druckmeßtisches.
a Drehmomentmeßdosen; *b* Druckmeßdose; *c* Werkstücktisch; *d* Vorspannung.

Abb. 73. Hydraulischer Drehmoment- und Druckmeßtisch. (Herst.: Losenhausenwerk AG., Düsseldorf-Grafenberg.)

sind deshalb axial so leicht verschiebbar, daß die Druckkraft den Meßweg erzeugen kann. Solange nicht Sonderaufgaben gestellt sind, die z. B. durch ein großes sperriges Werkstück verursacht werden, können die Meßtische in den räumlichen Abmessungen freizügig gestaltet werden. Man kann dann je nach der geforderten Genauigkeit, Aufzeichnungsweise usw. alle behandelten mechanischen, hydraulischen oder elektrischen Kraftmeßverfahren verwenden.

41. Hydraulischer Drehmoment- und Druckmeßtisch. Als Baubeispiel ist die Ausführung Abb. 73 am bekanntesten, sie wird serienmäßig in mehreren Größen gebaut und kann eine jahrelange Bewährung nachweisen[1]. Die Flüssigkeitsverschiebung und Druckerhöhung in

---

[1] Die Maschinenfabrik Mohr & Federhoff, Mannheim, baut den Meßtisch mit Druckzylindern und sauber passenden Kolben statt der Meßdosen. Der höchste Öldruck beträgt beim Drehmoment 20, beim Axialdruck 90 kg/cm². Das an den Kolben entweichende Öl wird von Zeit zu Zeit durch eine kleine Handpumpe ergänzt. Diese „Undichtigkeit" ist hier unbedenklich, weil das dadurch bedingte Nachgeben des Tisches in der Richtung der Schnittbewegung liegt und die Schnittverhältnisse nicht beeinflußt.

den Kraftmeßdosen wird über kurze Leitungen in den Empfänger übertragen, der unmittelbar am Meßtisch angebaut ist. Die Anzeige des Meßwertes erfolgt über Bourdonfedern, an denen Schreibhebel mit Tintenfedern für ein aufzeichnendes Schreibgerät angelenkt sind. Es wird damit das Drehmoment und der Vorschubdruck eines am Umfang und an der Stirnseite schneidenden Werkzeuges festgestellt. Die Druckdosen und der Empfänger sind in gleicher Weise aufgebaut wie die entsprechenden Teile des Schnittkraftmessers Abb. 52a für das Drehen (Abschn. 27).

Für die Beurteilung des Drehmoment- und Druckmeßtisches gilt das bei den hydraulischen Übermittlern Gesagte. Die mit dem Gerät bisher von vielen Benutzern erworbenen zahlreichen Meßergebnisse sind daher zwar als ausreichend und zuverlässig zu bezeichnen, wenn auch ihre Genauigkeit durch die Verfahren mit kleineren Meßwegen gesteigert werden könnte. Vor allem wird vermutet, daß das Reiben und die zweckmäßige Gestaltung der Reibahle sowie das Gewindeschneiden mit diesem genaueren Verfahren nochmals kontrollierend untersucht werden müßten. Die Rückwirkung des verhältnismäßig massigen Meßtisches wird nämlich bei den großen Meßwegen des hydraulischen Verfahrens vermutlich nicht ohne Einfluß auf die kleinen Kräfte beim Reiben und Gewindeschneiden sein, die bislang lediglich mittels dieses Verfahrens festgestellt worden sind. Dagegen würden vermutlich bei dem groben Zerspanungsvorgang des Bohrens auch mit elektrischen Meßverfahren keine viel exakteren Ergebnisse als mit den hydraulischen Meßdosen erhalten werden.

42. Drehmoment- und Druck-Meßtische von E. SACHSENBERG und Mitarbeitern; Lehrstuhl für Betriebswissenschaften, Technische Hochschule Dresden. H. KLEIN (61) hat etwa 1938 für kleine Kräfte einen Drehmoment- und Druckmeßtisch entwickelt, mit dem Bohrwerkzeuge beim Bohren von Kunststoffen untersucht wurden. Als Übermittler und Empfänger waren pneumatische Druckdosen eingebaut (vgl. Abschn. 10). Es stehen allerdings keine bildlichen Darstellungen zur Verfügung, um an ihnen ihren Aufbau zu überblicken. Aus den zahlreichen genannten Betriebsnachteilen der pneumatischen Dose ist erklärlich, daß diese Meßeinrichtung nur einmalig für Untersuchungen verwendet wurde, und daß diese mit den veröffentlichten Ergebnissen als noch nicht abgeschlossen betrachtet werden können.

Abb. 73a. Meßbohrtisch mit Anzeigegerät für 800 ··· 9000 kg Bohrdruck und 500 ··· 40 000 cmkg Drehmoment (Schieß AG., Düsseldorf).

Noch größere Meßwege als bei hydraulischer und pneumatischer Übermittlung treten bei dem Drehmoment- und Druckmeßtisch nach W. OSENBERG (15) auf, dessen Geber und mechanischer Übermittler in Abb. 14 dargestellt wurde (Abschn. 7); der Empfänger ist hier ein mechanisch arbeitendes Schreibgerät. Diese Versuchsapparatur ist ebenfalls nur eine einmalige Ausführung geblieben.

Auch ein optischer Drehmoment- und Druckmeßtisch für die Untersuchung der Steinbearbeitung ist im gleichen Versuchsfeld von G. PAHLITZSCH (13) entwickelt und erprobt worden. Der Meßweg der beiden Geber (Biegestab und Torsionsstab) wird auf Prismen übertragen, deren Verdrehung einen auf sie fallenden Lichtstrahl ablenkt. Die einzelnen Ablenkungen können beobachtet oder photographisch aufgezeichnet werden. Die Trägheit des Empfängers ist gering, da bei ihm die verhältnismäßig träge Masse des Schreibhebelwerkes eines mechanischen Empfängers wegfällt. Man kann damit die Größtwerte der Anzeige gut bestimmen. Eine Mittelwertablesung ist dagegen erschwert, weil ein Abschätzen des rasch pendelnden, durch den Lichtstrahl abgebildeten Lichtpunktes oder -striches nur ungenau erfolgen kann. Die Ausführung des optischen Verfahrens ist deshalb auch nur einmal als Meßeinrichtung gebaut worden; sie besaß übrigens verhältnismäßig große Ausmaße.

Es sei noch bemerkt, daß sämtlich in diesem Abschnitt erwähnten Drehmoment- und Druckmeßtische waagerecht liegen und auf einem Bett geführt werden.

43. Drehmoment- und Druckmeßtische mit Kraftmeßdosen der elektrischen Verfahren sind bei der Untersuchung von Zerspanungsvorgängen nur wenig bekannt geworden. Bereits im Abschn. 32 wurde die Anwendung des Piezoverfahrens erwähnt; die bisher vorliegenden Versuchsergebnisse sind jedoch mit Vorsicht zu bewerten (Abschn. 15). Auch das Verfahren mit flüssigem Halbleiter wurde von A. WALLICHS und G. SCHÜLER (64) in der bekannten Ausführungsart nach A. WALLICHS und H. OPITZ (Abschn. 18) als Versuchsausführung verwendet. Die prinzipielle Arbeitsweise und konstruktive Anlage zwang jedoch auch hierbei, die Meßdosen dieser Drehmoment- und Druckmeßtische ebenso wie bei den Schnittkraftmessern (Abschn. 36) später gegen induktive Meßdosen auszutauschen. Über die konstruktive Entwicklung der Geräte sind im Schrifttum noch keine eingehenden Angaben gemacht worden; es kann aber darauf hingewiesen werden, daß sich die Drehmoment- und Druckmeßtische mit induktiven Meßdosen im Laboratorium für Werkzeugmaschinen der Technischen Hochschule Aachen in langen Jahren bei zahlreichen Untersuchungen bestens bewährt haben (Hersteller: Schieß AG., Düsseldorf; Bohrmeßtische für Bereiche von 0,8···9 t Bohrdruck und 500···40000 cmkg Drehmoment) (Abb. 73a).

C. Umlaufende Drehmomentmesser.

P. NETTMANN (16) und H. STEUDING (62) haben in ihren Veröffentlichungen u. a. Drehmomentmesser zur Momentausmessung an einem umlaufenden Teil beschrieben, auf die hier nicht näher eingegangen werden kann. Es werden dort Konstruktionen des Entwicklungsstandes bis etwa zum Jahre 1928 behandelt. Die Geräte wurden meist für die Leistungsuntersuchung an Schiffsantrieben und ähnlichen Maschinen angewendet. Sie bauen auf mechanischen, optischen und damals in der Anfangsentwicklung befindlichen elektrischen Verfahren auf, wobei die konstruktiven Anordnungen nicht ohne weiteres für Geräte an Werkzeugmaschinen übernommen werden können. Bei Werkzeugmaschinen steht vor allem nur ein beschränkter Raum zur Verfügung, der dazu zwingt, den Empfänger vom Geber und Übermittler zu trennen. [Vgl. auch verschiedene Bauarten von Drehmomentmessern in (1).]

Hydraulische Drehmomentmesser sind an Werkzeugmaschinen nicht angebaut worden; die Übertragung der Flüssigkeitsverschiebung oder des Druckes von der drehenden Welle auf die stillstehende Leitung bereitet einige Abdichtungsschwierigkeiten. Nach H. STEUDING sind in verschiedener Weise optische Verfahren ausgebaut worden; aber die stroboskopischen Messungen mit rotierendem Spiegel, Prisma oder intermittierender Lichtquelle haben sich nicht bei Werkzeugmaschinenuntersuchungen eingeführt. Dagegen sind die Baubeispiele von Drehmomentmessern, die nach den mechanischen Verfahren arbeiten, bei Werkzeugmaschinen sehr zahlreich. Hier kann nur eine Auswahl solcher Beispiele gebracht werden an denen die erwähnten Geberformen eingebaut sind.

44. Umlaufende Drehmomentmesser von E. SACHSENBERG und Mitarbeitern; Lehrstuhl für Betriebswissenschaften, Technische Hochschule Dresden. In diesem Versuchsfeld wurde eine Reihe von Drehmomentmessern mit Reibungskupplungen und Torsionsstäben als Geber entwickelt, die dem jeweiligen Untersuchungsfall angepaßt waren. Bis zu einer serienmäßigen Fertigung sind sie jedoch nicht entwickelt worden. Die Empfänger der Geberwirkung arbeiteten bei einigen Ausführungen mechanisch, bei anderen pneumatisch. Bei den Gebern wurden in Abb. 10···12 verschiedene Ausführungsformen dargestellt, die in diesen Drehmomentmessern Verwendung fanden. Die mit den Geräten erhaltenen Versuchsergebnisse liefern keine besonderen Merkmale, die hervorgehoben werden müßten; sie sind mit einem umfangreichen Aufwand an Apparaturen erreicht, der durch elektrische Verfahren wesentlich herabgesetzt werden könnte, so daß der Arbeitsplatz auf dem Maschinentisch freier würde. Diese Überlegung gilt vor allem bei den Baumustern (14, 15), mit denen das Bohren von Holz und die hierzu notwendigen Werkzeuge untersucht wurden.

Bei der Auswahl der Geberformen ist man an die zu untersuchende Maschine und die Arbeitsweise des Werkzeuges gebunden. Beim Bohren kann man meist einen längeren Torsionsstab verwenden, da z. B. der Arbeitstisch einer Säulenbohrmaschine tief genug herabgestellt und der Drehmomentmesser in Führungslagern genügend sicher abgestützt werden kann.

Beim Schleifen dagegen muß der dynamische Drehmomentmesser axial sehr kurz gehalten werden, weil die Schleifscheibe meist fliegend arbeitet. Ist er axial zu breit, so wird er leicht bei hohen Umlaufzahlen und durch Auswuchtfehler der Scheibe ungenau arbeiten oder sogar zerstört werden. Im allgemeinen wird beim Schleifen das Drehmoment nicht an der Schleifspindel gemessen, da es infolge der hohen Drehzahl nur klein ist und einen sehr weichen Geber erfordert; ein solcher wird indessen durch auftretende Schwingungen leicht gestört. Man bestimmt daher das Drehmoment zuverlässiger als Geberwirkung am Werkstück; auch ein solcher Drehmomentmesser muß axial sehr schmal sein, um ohne besondere Werkstückabstützung beim Rundschleifen arbeiten zu können. Wir finden deshalb bei der Untersuchung des Bohrens den Torsionsstab, bei der des Rundschleifens die Blattfeder (Abb. 10) vorzugsweise als Geber angewandt.

Die Betriebsschwierigkeiten bei den mechanisch arbeitenden, umlaufenden Drehmomentmessern liegen vor allem in der Beherrschung der großen Geberwege. Neuere Konstruktionen mit elektrischen Übermittlern des dann wesentlich kleineren Geberweges hätten dagegen zahlreiche Vorteile, die schon auf anderen Untersuchungsgebieten nachgewiesen wurden.

45. Umlaufende Drehmomentmesser mit elektrischen Übermittlungsverfahren. Die von H. STEUDING (62) angeführten älteren magnetoelektrischen und elektrischen Methoden zur Messung einer Verdrehung können die heutigen Forderungen der Meßtechnik nicht mehr erfüllen. Aber auch die neuzeitlichen, bisher hier behandelten elektrischen Verfahren der Wandlung eines Geberweges sind für den Einbau in einen umlaufenden Drehmomentmesser nur teilweise geeignet.

Das Piezoverfahren fällt wegen des eintretenden Ausgleiches der elektrischen Ladung über den inneren Widerstand des Quarzes hinweg aus. Beim Halbleiter-Flüssigkeitsverfahren würde die Flüssigkeit infolge ihrer Zentrifugalkräfte die Membrane durchbiegen oder im Meßquerschnitt einen Hohlraum erzeugen können, der einen falschen Meßwert verursacht. Das Halbleiterverfahren mit einer Kohlesäule ist ebenfalls wegen der verschiedenen Zentrifugalkräfte bei unterschiedlichen Drehzahlen bislang nicht erprobt worden.

Auch das magnetoelastische Verfahren, bei dem die Induktivitätsänderung einer Drossel unter einer Verdrehung des Drosselkernes ausgewertet werden könnte, wurde an Werkzeugmaschinen noch nicht angewendet. In der Literatur (28) wird eine allgemeine Ausführung beschrieben, die aber noch eine erhebliche mechanische Hysterese aufweist, da die konstruktive Durchbildung nicht einwandfrei ist. Ein zuverlässig arbeitendes Gerät müßte nämlich einen luftspaltlosen magnetischen Kraftfluß besitzen, der konstruktiv nur schwer erreichbar ist. Der Versuch einer günstigeren Lösung ist noch nicht bekannt geworden.

Als weitere elektrische Verfahren sind das kapazitive und das induktive Verfahren zu betrachten; beide sind für die Bestimmung eines Drehmomentes in einer umlaufenden Welle bereits verwertet worden, so daß über einige Baubeispiele berichtet werden kann. Aber nur das kapazitive Verfahren wurde bei der Untersuchung von Werkzeugmaschinen angewendet, während das induktive Verfahren bisher lediglich für Messungen an anderen Maschinen herangezogen wurde.

46. Umlaufende Drehmomentmesser mit kapazitiver Übermittlung. Als Geber der Drehmomentwirkung mit kleinen Meßwegen kommt wegen seiner konstruktiven Einfachheit hauptsächlich der Torsionsstab in Betracht. Seine Verformung wirkt sich auf die Änderung des Luftspalts eines Kondensators aus, der zweckmäßig in einem Aufbau nach Abb. 74 ausgeführt wird. Der Kondensator ist ein doppelflügeliges Gebilde und in zwei Hälften aufgeteilt, die an der die Leistung übertragenden Welle um 180° versetzt gegenüberliegen und elektrisch so geschaltet sind, daß sich ihre Meßleistungen addieren. Hierdurch wird der Durchmesser der Anordnung klein gehalten. Unter der Drehmomentwirkung nach der einen Seite verkleinern sich die Luftspalte beider Flügel; sie vergrößern sich bei einer Drehmomentwirkung nach der anderen Seite. Da nur eine kleine Kapazitätsänderung im Empfänger zur Auswertung nötig ist

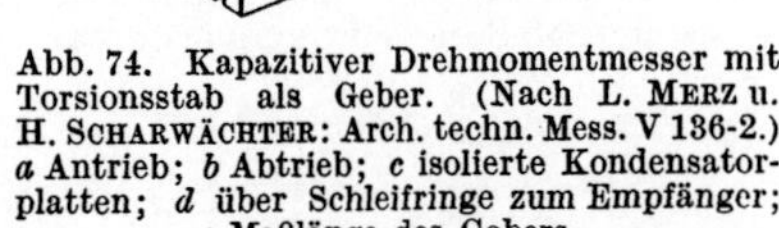

Abb. 74. Kapazitiver Drehmomentmesser mit Torsionsstab als Geber. (Nach L. MERZ u. H. SCHARWÄCHTER: Arch. techn. Mess. V 136-2.) *a* Antrieb; *b* Abtrieb; *c* isolierte Kondensatorplatten; *d* über Schleifringe zum Empfänger; *e* Meßlänge des Gebers.

und die Eichkurve sowohl bei Verkleinerung als auch bei Vergrößerung des Luftspaltes in dem benutzten Bereich eine Gerade sein kann, kann man den Aufbau sowohl bei rechtsals auch bei linksdrehendem Moment verwenden.

Der Aufbau des kapazitiven Übermittlers einer Verdrehung wurde zum ersten Male von C. SALOMON bei Zerspanungsuntersuchungen an einer Fräsmaschine angewendet. Über seine Versuchsergebnisse ist mehrfach berichtet worden (63); ihre Auswertung ist eine der Grundlagen unserer heutigen Ansichten über das gegenläufige Fräsen und die zweckmäßige Gestaltung der Fräswerkzeuge. Der Fräsdorn trägt den Drehmomentmesser und den Walzenfräser, der in üblicher Weise aufgespannt ist. Ohne wesentliche Beeinträchtigung des Verhaltens der Fräsmaschine kann damit jedes auftretende Drehmoment und sein Verlauf beobachtet werden.

Auch H. Schropp (69) hat den gleichen Aufbau für einen Drehmomentmesser an einer Bohrspindel gewählt (Abb. 75). Das Gerät wird im Morsekegel einer Bohrspindel aufgenommen und trägt seinerseits am unteren Ende einen Morsekegel für die Befestigung des Werkzeuges. Das durchgehende Mittelstück stellt die verlängerte Bohrspindel dar und ist in seinem mitleren Teil der Geber, der durch das Drehmoment verdreht wird. Auch hier kann das Drehmoment bei rechts- und linkslaufender Bohrspindel gemessen werden. Durch möglichst leichte Ausführung des Gehäuses in Leichtmetall ist versucht worden, die Eigenschwingungen der eigentlichen Bohrspindel nicht wesentlich zu verändern.

Die Betriebserfahrungen haben gezeigt, daß der Drehmomentmesser mit kapazitiver Übermittlung trotz Kabelabschirmung ebenso störungsempfindlich durch .elektrische Einwirkungen in der Werkstatt ist wie die einfache Gerdiensche Meßdose; die gleichen Nachteile durch hochfrequente Störungen und die Forderung nach einer sachkundigen Bedienung mit kritischem Verständnis sind also auch hier zu erwähnen.

47. Umlaufender Drehmomentmesser mit induktiver Übermittlung. L. Merz und H. Scharwächter (47) entwickelten einen Drehmomentmesser mit induktiver Übermittlung des Geberweges, der nach Abb. 76 aufgebaut ist. An dem einen Ende der Meßlänge eines Torsionsstabes ist auf einer mit ihm verschraubten Hülse f eine Doppeldrossel befestigt, zwischen der sich das Eisenschlußstück der Drosselkerne befindet. Das Schlußstück sitzt an einem längeren Halter, der ein Stück mit der zweiten Hülse am anderen Ende der Meßlänge des Torsionsstabes bildet.

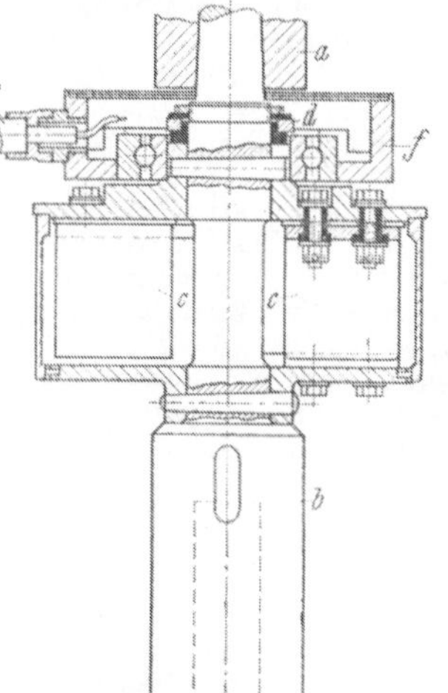

Abb. 75. Kapazitiver Drehmomentmesser. (Nach H. Schropp, Versuchsfeld für Werkzeug-Masch., T. H. München.) *a* Arbeitsspindel; *b* Werkzeugträger als Geber; *c* Kondensatorplatten; *d* Schleifring; *e* zum Empfänger; *f* feststehendes Gehäuse.

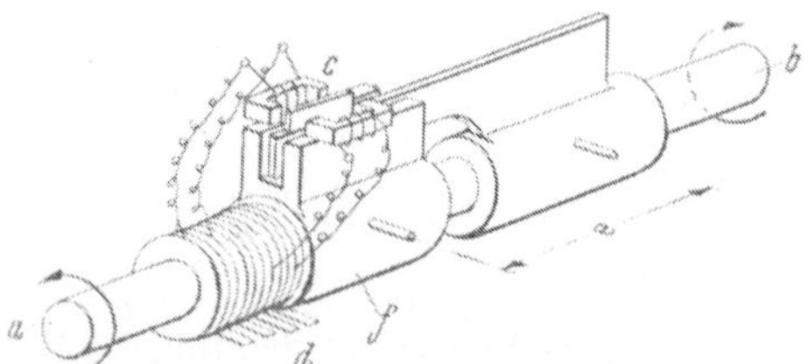

Abb. 76. Induktiver Drehmomentmesser mit Torsionsstab als Geber. (Nach L. Merz u. H. Scharwächter: Arch. techn. Mess. V 136-2.) *a* Antrieb; *b* Abtrieb; *c* Doppeldrossel; *d* über Schleifringe zum Empfänger; *e* Meßlänge des Gebers; *f* Hülse.

Unter der Verdrehung wird das Schlußstück zwischen den Drosselkernen verlagert, so daß die Luftspalte sich verändern. Die weitere Wirkungsweise im elektrischen Teil wurde bereits bei den induktiven Empfängern behandelt.

Die erwähnte Ausführung sieht noch vor, daß der lange Halter mit dem Eisenschlußstück bei hohen Drehzahlen und Erschütterungen nicht in Schwingungen gerät; er ist deshalb durch ein im Inneren der Hülse f eingebautes Wälzlager abgestützt. Prüfergebnisse des Gerätes und Meßergebnisse angestellter Untersuchungen wurden bislang nicht veröffentlicht.

VI. Auswahl eines geeigneten Schnittkraft- bzw. Leistungsmeßgerätes, insbesondere beim Drehen.

Bei der Beschreibung und kritischen Betrachtung gebauter Schnittkraftmeßgeräte konnten wir diese einteilen in Schnittkraftmesser und Schnittdruckmeßtische, in Drehmoment- und Druckmeßtische und in umlaufende Drehmomentmesser. Die einzelnen Geräte können meist nicht nur für die Kraftmessung bei einem einzigen Zerspanungsvorgang, für den sie entworfen wurden, sondern nach gewissen Veränderungen häufig sehr vielseitig, z. B. zum Kraftmessen beim Drehen, Bohren oder Schleifen verwendet werden. Für die Bestimmung des Leistungsbedarfes einer Werkzeugmaschine wird man sich jedoch meist für ein bestimmtes Gerät aus den obigen drei Arten entscheiden müssen.

Die Wahl des Gerätes, seines Aufbaues, Betriebes und seines Empfängers richtet sich nach der geforderten Meßgenauigkeit bei der Bestimmung der zu untersuchenden Größen. Hierfür sind bei den einzelnen Verfahren der Kraftmessung Angaben gemacht worden (vgl. Kap. IV). Zuweilen kann aber lediglich aus der praktischen Erfahrung heraus für die einzelnen Zerspanungsverfahren entschieden werden, welche Meßmethode vorzuziehen ist: Ob eine Schnittkraftmessung am Werkzeug, am Werkstück oder eine Drehmomentmessung vorteilhaft ist. Diese Betrachtung muß für jedes einzelne Zerspanungsverfahren durchgeführt werden; wir wollen uns hier bei der Schlußbetrachtung auf das Drehen beschränken.

Zunächst ist von den wirksamen Kräften auszugehen, die in die bevorzugten Richtungen zerlegt werden; meist fallen diese mit den Arbeitsrichtungen zusammen. Für das Drehen ergibt sich ein Kräfteplan nach Abb. 77, in dem sowohl die Kräfte am Werkzeug als auch am Werkstück durch die entsprechenden Pfeilrichtungen angegeben wurden. Kenngrößen der Schnittkräfte des Zerspanungsvorganges für das Werkzeug und den Werkstoff sind in erster Linie die Hauptschnittkraft H und die Vorschubkraft V. Erst bei der völligen Abstumpfung des Drehmeißels zeigt die Rückkraft R ein Ansteigen, wodurch das Aufhören der Schneidfähigkeit („Erliegen") des Werkzeuges angezeigt wird. Der Einfluß der Vorschubkraft ist bei vielen Werkstückstoffen gering,

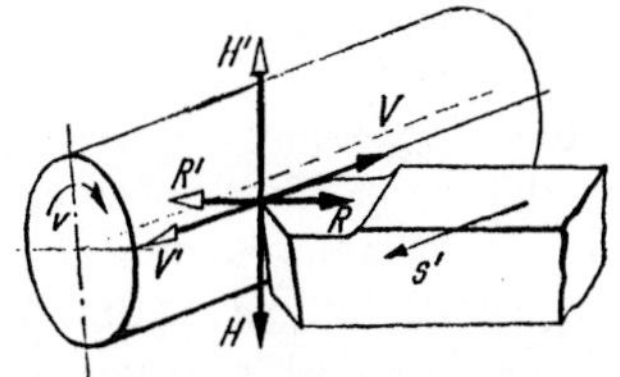

Abb. 77. Kräfteplan beim Drehen. Kräfte: am Werkzeug ⤙, am Werkstück ←; H Hauptschnittkraft; V Vorschubkraft; R Rückkraft; v Schnittgeschwindigkeit; s' Vorschubgeschwindigkeit.

so daß die Messung der Hauptschnittkraft mit einem Einkomponenten-Schnittkraftmesser vollständig ausreicht; hiermit ist in zahlreichen Fällen im Hinblick auf das Schnittkraftverhalten die Zerspanbarkeit des Werkstückstoffes und die Schneidfähigkeit des Werkzeuges ausreichend gekennzeichnet. Somit ist die Auswahlentscheidung beim Schnittkraftmessen des Drehens sehr einfach und eindeutig: unmittelbare Schnittkraftmessung am Werkzeug mit einem Schnittkraftmesser.

Für die Leistungsbestimmung der Zerspanungsarbeit müssen aber die Kräfte festgestellt werden, die in beiden Bewegungsrichtungen des Werkzeuges, also in der Dreh- und Vorschubrichtung wirken. Sie können nacheinander auch mit einem Einkomponenten-Schnittkraftmesser gemessen werden, indem man den Halterschaft bei der zweiten Messung um 90° gewendet einspannt; man stellt erst die Hauptschnittkraft H und dann bei gleichen Schnittgeschwindigkeits- und Vorschubgrößen in einem neuen Versuch die Vorschubkraft V fest. Hierbei ist aber das Umspannen und Neueinrichten des Schnittkraftmessers unbequem, so daß man sich meist mit einer Schätzung von V begnügt; aus älteren Messungen ist z. B. bekannt, daß die Vorschubkraft je nach Größe des Einstellwinkels der Schneide zwischen 20 und 40% der Hauptschnittkraft beträgt. Dies genügt bei vielen Werkstückstoffen und üblichen werkstattmäßigen Genauigkeitsanforderungen der Messung. Die Vorschubleistung ist im Verhältnis zur Schnittleistung verschwindend klein, wie die folgende Berechnung zeigt: Mit $H =$ Hauptschnittkraft, $V =$ Vorschubkraft, Schnittgeschwindigkeit $v = D\pi n$ mm/min, Vorschubgeschwindigkeit $s' = ns$ mm/min, ist die Schnittleistung $N_H = HD\pi n$ mmkg/min und die Vorschubleistung $N_V = Vns$ mmkg/min. Folglich verhält sich

$$N_V : N_H = Vns : HD\pi n = Vs : HD\pi. \qquad \text{(Gl. 18)}$$

Setzt man nun im Mittel $V = 0{,}3\,H$, $s = 0{,}5\,\text{mm}/\text{U}$ und $D\pi = 150\,\text{mm}$, dann ergibt sich $N_V : N_H = 0{,}3 \cdot 0{,}5 : 150 = 1 : 1000$, so daß die Vorschubleistung hier nur $1\,^0/_{00}$ der Schnittleistung beträgt.

Praktisch braucht man wegen der verschiedenen Reibungsverluste für den Vorschubantrieb etwa 2 bis 4% der Gesamtantriebsleistung einer Drehbank. Für Überschlagsrechnungen empfiehlt es sich, die Vorschubleistung durch Minderannahme des Wirkungsgrades der Drehbank um 5 bis 8% abzugelten.

Erst der Gebrauch eines Zweikomponenten-Schnittkraftmessers sichert die gleichzeitige und genauere Feststellung der Hauptschnitt- und Vorschubkraft. Die Bruttovorschubleistung läßt sich jedoch nur durch Messungen an einem Sonderantrieb für den Vorschub bestimmen, weil zur Vorschubkraft noch die Kraft zur Überwindung der Reibung des ja sehr langsam bewegten Werkzeugschlittens (fast Reibung der Ruhe) hinzukommt.

Auch mit einem umlaufenden Drehmomentmesser für die Hauptschnittkraft im Verein mit einem auf die Vorschubkraft eingestellten Einkomponenten-Schnittkraftmesser könnten beide Größen, Hauptschnittkraft und Vorschubkraft, gleichzeitig gemessen werden, sofern ein Interesse an der Feststellung der Vorschubkraft besteht. Das die Hauptschnittkraft überwindende Drehmoment, das mit einem umlaufenden Drehmomentmesser gemessen wird, ergibt zusammen mit der Drehzahl der Arbeitsspindel die übertragene Hauptschnittleistung (Abschnitt II A). Die Drehzahl wird von einem Drehzahlmesser der Arbeitsspindel angezeigt und kann leichter, genauer und kurzzeitiger ermittelt werden als die Schnittgeschwindigkeit mit einem auf dem zu bearbeitenden Wellenumfang ablaufenden Schnittgeschwindigkeitsmesser.

Schließlich kann man als dritte Möglichkeit mit einem Drehmoment- und Druckmeßtisch den Leistungsbedarf beim Drehen bestimmen, z. B. unter Benutzung des Gerätes nach Abb. 72 an einer Karusselldrehbank. Hierbei ist durch geschickte konstruktive Ausführung des Drucktisches und seiner Lagerung sicherzustellen, daß die am Werkstück außermittig angreifenden Kräfte den Meßtisch nicht verkanten. Ein solches Meßgerät ließe sich auch in der hohlen Arbeitsspindel einer Spitzendrehbank unterbringen und dabei gleichzeitig so ausführen, daß es an verschiedenen Maschinen verwendbar ist. Um solche neuen Meßgerätausführungen selbst entwerfen zu können, sollen die im Hauptteil dieses Buches gebotenen Urteile, Ratschläge und Ausführungsbeispiele ebenso behilflich sein, wie sie auch dem Benutzer vorhandener Geräte ein Leitfaden sein mögen.

Schrifttum.

(1) Gramberg, A.: Technische Messungen, insbesondere bei Maschinenuntersuchungen Berlin: Springer 1923.
(2) Opitz, H.: Leistungsmessungen an Werkzeugmaschinen. Z. VDI Bd. 81 (1937) S. 57···63.
(3) Bahlecke, F.: Neuere Fräsversuche in der Industrie. Berichte über betriebswissenschaftliche Arbeiten Bd. 4. Berlin: VDI-Verlag 1930.
(4) Hartig, E.: Versuche über Leistungen an Werkzeugmaschinen. Mitt. des Dresdener Polyt. Heft 3. Leipzig 1873.
(5) Taylor, F. W.: On the Art of Cutting Metals. Amer. Soc. mech. Engr. Bd. 28 (1907) S. 31···279. Deutsche Bearbeitung: F. W. Taylor u. A. Wallichs: Übei Dreharbeit und Werkzeugstähle. 3. Aufl. Berlin: Springer 1920.
(6) Nicolson, J. T.: Experiments with a lathe tool dynamometer. Trans. Amer. Soc. mech. Engr. Bd. 25 (1904) S. 675.
   Codron, C.: Experiences sur le travail des machines-outils pour les métaux. Paris: H. Dunod u. E. Pinat 1902 u. 1906.
(7) Martens, A.: Die Meßdose als Kraftmesser in der Materialprüfmaschine. Forsch.-Arb. Ing.-Wiss. Heft 38. Berlin: Springer 1907.

(8) WAZAU, G.: Neue Kraftmesser. Diss. Techn. Hochsch. Braunschweig 1920.

(9) BLOCK, W.: Handbuch der technischen Meßgeräte. Ausschuß für wirtschaftliche Fertigung (AWF) Berlin 1923.

(10) ZIMMERMANN, E.: Festigkeitslehre. Bibl. ges. Techn. 480. Leipzig: Verlag Dr. Jänecke 1941.

(11) EISELE, F.: Dynamische Untersuchungen des Fräsvorganges. Berichte über betriebswissenschaftliche Arbeiten Bd. 7. Berlin: VDI-Verlag 1931.
— Beschreibung und Kritik der bisher veröffentlichten Schnittdruck-Meßeinrichtungen für Fräsmaschinen. Masch.-Bau/Betrieb Bd. 11 (1932) S. 37···43.

(12) SCHALLBROCH, H., u. H. SCHAUMANN: Schnittkraftmessung beim Drehen. Masch.-Bau-/Betrieb Bd. 19 (1940) S. 235···239.

(13) SACHSENBERG, E., u. W. OSENBERG: Neuere Meßverfahren für Werkzeugmaschinen. Z. VDI Bd. 76 (1932) S. 262···268.

(14) BOBBE, C.: Untersuchungen an Holzhobelmaschinen mit umlaufenden Messern. Berichte über betriebswissenschaftliche Arbeiten Bd. 1. Berlin: VDI-Verlag 1929.

(15) OSENBERG, W.: Untersuchungen über den Zerspanungsvorgang mittels Holzbohrern beeinflussenden Faktoren. Diss. Techn. Hochsch. Dresden 1927.

(16) NETTMANN, P.: Der Torsionsindikator Bd. 1···3. Berlin: Verlag M. Krayn 1912 u. 1923.
— Verdrehungsmessung. Arch. techn. Mess. 1933 V 136-1.

(17) FRAENKEL, K. H.: Membranmeßdose für Hochdruckmessungen. Diss. Techn. Hochsch. Aachen 1926.

(18) SCHÖPKE, H.: Beitrag zum Bau von Drehbankmeßsupporten mit Hochdruckmeßdosen. Diss. Techn. Hochsch. Aachen 1930.

(19) REICHEL, W.: Die hydraulische Meßdose, ihre Anwendung, Konstruktion, Füllung und Eichung, gezeigt an einem Beispiel einer Walzdruckmeßeinrichtung. Die Meßtechnik Bd. 7 (1931) S. 231···239.

(20) KEINATH, G.: Geradführung. Arch. techn. Mess. 1933 J 033-1.

(21) — Elektrische Druckmessungen. Arch. techn. Mess. 1932 V 132-1.

(22) PFLIER, P. M.: Elektrische Messung mechanischer Größen. Berlin: Springer 1940.

(23) KLUGE, J., u. H. E. LINCKH: Piezoelektrische Messung von Druck- und Beschleunigungskräften. Z. VDI Bd. 73 (1929) S. 1311···1314.
— Piezoelektrische Messung mechanischer Größen. Forsch. Bd. 2 (1931) S. 153···164.
— Druckmessung mit piezoelektrischen Kristallen. Arch. techn. Mess. 1932 V 132-3.

(24) HERMANN, P. K.: Piezoelektrische Meßeinrichtungen. AEG-Mitt. 1939 S. 497···502.

(25) SCHILLING, W.: Schwingungsweiten- und Beschleunigungsmessungen mit Kristallgebern. AEG-Mitt. 1940 S. 86···87.

(26) KLUGE, J., H. E. LINCKH u. S. FAHRENTHOLZ: Quarzdruckmeßkammern mit Massenausgleich. Dtsch. Kraftforsch. Heft 37. Berlin: VDI-Verlag 1940.

(27) MERZ, L., u. H. NIEPEL: Messung kleiner Ströme und Spannungen mit dem bolometrischen Kompensator. Wiss. Veröff. Siemens-Werken Bd. 18 (1939) S. 148···160.

(28) JANOWSKY, W.: Magnetoelastische Messung von Druck-, Zug- und Torsionskräften. Arch. techn. Mess. 1933 V 132-6.

(29) MERZ, L., u. H. SCHARWÄCHTER: Magnetoelastische Druckmessung. Arch. techn. Mess. 1937 V 132-15.

(30) MÖNCH, E.: Dauerbeanspruchung und magnetoelastische Eigenschaften von Stählen. Diss. Techn. Hochsch. München 1940.

(31) GLAMANN, W.: Druckmessung mit Halbleitern. Arch. techn. Messen 1936 V 132-12.

(32) GLAMANN, W., u H. TRIEBNIGG: Der trägheitslose elektrische Halbleiterindikator für Druckmessungen. Forsch. Bd. 4 (1933) S. 136···146.

(33) WALLICHS, A., u. H. OPITZ: Neues Verfahren zur Messung schnellwechselnder Kräfte. Stahl u. Eisen Jg. 51 (1931) S. 1478···1479.

(34) — Meßgeräte zur trägheitslosen Messung von Schnittkräften. Techn. Zbl. prakt. Metallbearb. Jg. 44 (1934) S. 171···174.

(35) GEYGER, W.: Leitfähigkeitsmessung von Flüssigkeiten. Arch. techn. Mess. 1933 V 3514-1.

(36) DOBENECKER, O.: Leitfähigkeitsmessung von Flüssigkeiten. Arch. techn. Mess. 1937 V 3514-3.

(37) GERDIEN, H.: Eine elektrische Meßdose nach dem Prinzip des Kondensatormikrometers. Wiss. Veröff. Siemens-Werken Bd. 8 (1929) S. 126···129.

(38) MAUKSCH, W.: Schnittdruckmessungen an der Drehbank mit einer elektrischen Meßdose. Wiss. Veröff. Siemens-Konz. Bd. 8 (1929) S. 130···133.

(39) GERDIEN, H., W. MAUKSCH u. C. SALOMON: Druckmessung. Bearbeitet von G. KEINATH. Arch. techn. Messen 1931 V 132-2.

(40) KEINATH, G.: Druckmessung mit der Kondensatormeßdose Arch. techn. Mess. 1932 V 132-5.

(41) MÜLLER, O.: Elektrische Druckmessung. Arch. techn. Mess. 1939 V 132-16; 1940 V 132-17.

(42) KEINATH, G.: Elektrische Druckmessung durch Änderung einer Induktivität. Arch. techn. Mess. 1932 V 132-4.

(43) MERZ, L.: Der Siemens-Schnittkraftmesser nach SCHALLBROCH und SCHAUMANN. Siemens-Zeitschrift Bd. 20 (1940) Heft 1.

(44) DRGM. 1483797: Einrichtung für Kraft- und Längenmessung mittels einer Induktionsmeßdose.

(45) DRGM. 1414052: Schaltung zur Steigerung der Empfindlichkeit von Induktionsmeßdosen.

(46) DRGM. 1414043: Schaltung zur wahlweisen Einstellung des Arbeitspunktes bei elektrischen Meßgeräten, insbesondere bei Verwendung von Induktionsmeßdosen.

(47) MERZ, L., u. H. SCHARWÄCHTER: Verdrehungsmessung. Arch. techn. Mess. 1938 V 136-2.

(48) KEINATH, G.: Druck- und Zugmessung mit dem akustischen Meßverfahren nach O. SCHÄFER. Arch. techn. Mess. 1935 V 132-9.

(49) THUM, A., O. SVENSON u. H. WEISS: Neuzeitliche Dehnungsmeßgeräte. Forsch. Ing. Wes. Bd. 9 (1938) S. 229···234.

(49a) LEINERT, L.: Feinmeßgerät auf Strömungsgrundlage. Werkst.-Techn. u. Werksleiter Jg. 36 (1942) S. 228···231.

(49b) NIEPEL, H.: Die pneumatischen Meßlehren. Feinmech. u. Präz. Jg. 50 (1942) S. 255/260.

(50) JANOVSKY, W.: Dynamische Eichung von Druck- und Zugmessern. Arch. techn. Mess. 1933 V 132-7.

(51) SCHALLBROCH, H.: Die Beurteilung der Zerspanbarkeit von Metallen. Z. VDI Bd. 77 (1933) S. 965···971.
— Zerspanbarkeit neuzeitlicher Werkstoffe. Masch.-Bau/Betrieb Bd. 12 (1933) S. 237 bis 240.
— Die Zerspanbarkeit als Teil der Werkstoffprüfung. Masch.-Bau/Betrieb Bd. 15 (1936) S. 605···610.
— Die Verformungsvorgänge bei der Zerspanung. Masch.-Bau/Betrieb Bd. 18 (1939) S. 583···586.

(52) KRYSTOF, J., u. H. SCHALLBROCH: Grundlagen der Zerspanung. Berichte über betriebswissenschaftliche Arbeiten Bd. 12. Berlin: VDI-Verlag 1939.

(53) WALLICHS, A., u. H. SCHÖPKE: Der heutige Stand des Meßsupportbaues. Schieß-Defries-Nachr. Bd. 12 (1932) S. 38···42.

(54) BOSTON, O. W., u. C. E. KRAUS: Machinability measured by simple tool. Trans. Amer. Soc. Stl. Treat. Bd. 21 (1933) S. 623···651.

(55) Druckschrift Fa. A. M. Erichsen, Berlin-Teltow.

(56) COENEN, M.: Schleifwiderstände. Masch.-Bau/Betrieb Bd. 11 (1932) S. 450···451.

(57) OKOCHI, M., u. M. OKOSHI: New Methods for Measuring the Cutting Force of the Tools and some Experimental Results. Sci. Pap. Inst. physic. chem. Res., Tokio Nr. 84. Deutscher Bericht: Masch.-Bau/Betrieb Bd. 8 (1929) S. 318···323, 434···437.

(58) DRP. 662098: Neuer Dreikomponenten-Schnittdruckmesser. Druckschrift: Werkzeugmaschinen-Laboratorium der Technischen Hochschule Breslau.

(59) SCHROPP, H.: Trägheitslose Zerspanungsmessung beim Bohren. Z. VDI Bd. 77 (1933) S. 737···739.

(60) NN.: Kraftmeßanlagen mit elektrischen Meßdosen. Industrieblatt Jg. 46 (1941) S. 107 bis 110.

(61) KLEIN, H.: Untersuchungen über das Bohren von Kunststoffen mittels verschiedener Spiralbohrerformen. Diss. Techn. Hochsch. Dresden 1938.

(62) STEUDING, H.: Messung mechanischer Schwingungen. Berlin: VDI-Verlag 1928.

(63) SALOMON, C.: Trägheitslose Zerspanungsmessungen. Loewe-Notizen Bd. 14 (1929) S. 118 bis 147.
— Trägheitslose Zerspanungsmessungen. Berichte über betriebswissenschaftl. Arbeiten Bd. 4 S. 12···25. Berlin: VDI-Verlag 1930.

(64) WALLICHS, A., u. G. SCHÜLER: Die Dreh- und Bohrbarkeit von Automatenstahl und ihre Kurzprüfverfahren. Techn. Zbl. prakt. Metallbearb. Jg. 44 (1934) S. 41···44, 86···88, 130···133.

(65) ERICHSEN, S. F.: Schnittkraftmesser von S. F. ERICHSEN. Masch.-Markt Bd. 36 (1941) S. 16···18.

(66) LEINERT, L.: Feinmeßgerät auf Strömungsgrundlage. Werkst.-Techn. u. Werksleiter 24 (1942) S. 228.

Druck von C. G. Röder, Leipzig.

Automaten. Die konstruktive Durchbildung, die Werkzeuge, die Arbeitsweise und der Betrieb der selbsttätigen Drehbänke. Ein Lehr- und Nachschlagebuch. Von Oberingenieur **Ph. Kelle,** Berlin. Zweite, umgearbeitete und vermehrte Auflage. Mit 823 Figuren im Text und auf 11 Tafeln, sowie 37 Arbeitsplänen und 8 Leistungstabellen. XI, 466 Seiten. 1927.　　　　Halbleinen RM 23.20

Werkzeuge und Einrichtung der selbsttätigen Drehbänke. Von Oberingenieur **Ph. Kelle,** Berlin, Mit 348 Textabbildungen, 19 Arbeitsplänen und 8 Leistungstabellen. V, 154 Seiten. 1929.　　　　RM 13.50

Mechanische Technologie für Maschinentechniker. (Spanlose Formung.) Von Dr.-Ing. **Willy Pockrandt,** Gleiwitz. Mit 263 Textabbildungen. VII, 292 Seiten. 1929.　　　　RM 11.70

Spanlose Formung. Schmieden, Stanzen, Pressen, Prägen, Ziehen. Bearbeitet von zahlreichen Fachgelehrten. Herausgegeben von Betriebsdirektor Dr.-Ing. **V. Litz,** Berlin. (Schriften der Arbeitsgemeinschaft Deutscher Betriebsingenieure, Band IV.) Mit 163 Textabbildungen und 4 Zahlentafeln. VI, 152 Seiten. 1926.　　　　Ganzleinen RM 11.34

Die Berechnung des Werkstoffverbrauches bei gestanzten, gezogenen und gedrehten Gegenständen im Bereich der Metallindustrie. Von Ing. **Leonhard Glück.** Mit 125 Textabbildungen und 10 Zahlentafeln. V, 91 Seiten. 1923.　　　　Ganzleinen RM 3.60

Werkstattbau. Anordnung, Gestaltung und Einrichtung von Werkanlagen nach Maßgabe der Betriebserfordernisse. Von Dr.-Ing. **Carl Theodor Buff.** Zweite, durchgesehene Auflage. Mit 219 Textabbildungen und einer Tafel. VI, 227 Seiten. 1923.　　　　Ganzleinen RM 13.23

Der Praktiker in der Werkstatt. Hinweise für die rationelle Ausnutzung von Werkstätten des Maschinenbaues. Von **Valentin Retterath.** Mit 107 Textabbildungen. III, 70 Seiten. 1927.　　　　RM 3.15